江苏省妇幼健康科研项目（F202028）

再次绽放

ZAICI ZHANFANG

——心理咨询医生手记

周华　著

东南大学出版社
SOUTHEAST UNIVERSITY PRESS
·南京·

图书在版编目(CIP)数据

再次绽放：心理咨询医生手记 / 周华著 .—南京：东南大学出版社，2023.12
ISBN 978-7-5766-1085-7

Ⅰ. ①再… Ⅱ. ①周… Ⅲ. ①女性心理学－心理咨询－案例 Ⅳ. ①B844.5

中国国家版本馆CIP数据核字(2024)第001414号

责任编辑：陈潇潇（380542208@qq.com）
责任校对：子雪莲　封面设计：毕　真　责任印制：周荣虎

再次绽放——心理咨询医生手记

著　　者　周　华
插　　画　周　华
封面创意　周　华
出版发行　东南大学出版社
出 版 人　白云飞
社　　址　南京四牌楼2号（邮编：210096）
网　　址　http://www.seupress.com
电子邮件　press@seupress.com
经　　销　全国各地新华书店
印　　刷　江苏扬中印刷有限公司
开　　本　700 mm×1 000 mm　1/16
印　　张　10
字　　数　160千字
版　　次　2023年12月第1版
印　　次　2023年12月第1次印刷
书　　号　ISBN 978-7-5766-1085-7
定　　价　56.00元

致谢

谨以此书献给我的外婆、母亲,在她们身上我感受到中国传统女性所有美好的品德,仁慈宽厚如水,质朴坚韧如山。涓涓溪流汇成浩瀚之洋,绵绵群山连成挡风屏障,充满温柔的生命的力量,给予我陪伴、启迪、引领。感谢我的妹妹周萍女士,作为新时代富有智慧的女性,平衡好家庭与工作,自信从容,不惧岁月,爱亲人也爱自己。感谢亲爱的家人们!感谢一路走来,给予我大力支持的虞斌副院长、保健部王丽主任、保健党支部霍小亚书记等各位领导、同事!特别是身边努力勤勉的女性同事们,是我学习的榜样,感谢你们给予的温暖和力量,让我有信心在心理咨询的道路上勇毅前行,不断成长,努力践行心理学的三个使命:使痛苦之人疗愈,使健康之人幸福,使有潜能之人自我实现。也感谢项目组成员和好友方红丽、孙浩尊等的支持。最后感谢陈潇潇编辑精心审稿,使此书顺利出版。

周华

2023 年 10 月

本书所有案例均已虚拟化处理，请勿对号入座！

序一

呵护“她”健康，助力“她”精彩

每一次文明的脉搏跳动，都离不开女性的参与和推动。她们在各个角落，以独特的韧性和智慧书写着生活的故事。然而，在辉煌背后，她们的心灵世界却鲜少为外界所知。这是一个璀璨而又充满挑战的领域，它包含了无数女性为爱、为生活、为事业所经历的心路历程。《再次绽放——心理咨询医生手记》正是为了揭示这一领域的奥秘而诞生的。

我们身处一个瞬息万变的时代，女性在很多领域都取得了前所未有的进步和突破。而她们扮演的角色，不仅仅局限于家庭与事业，更多的是如何在社会变革中找到自己的位置，如何在压力与期望中保持自我。这本书将从生理、心理、文化和社会的角度对女性的心理健康进行深入剖析，旨在为女性提供一种力量，帮助她们了解自己、关爱自己、欣赏自己，并走向一个健康而充满自信的心灵世界。

周华医生从事心理咨询工作 10 年，深入探访各种心灵的角落，聆听无数女性的心声，发现无论地域、文化，还是身份，女性面临的心理问题都有其共性。很多女性为了家庭、孩子、事业常常忽略了自己，她们尝试追求完美，却很少在意自己的感受。而当遭遇挫折和困惑时，很多女性选择沉默、选择忍受、选择自己去背负。

这本书试图打破这样的沉默，鼓励女性开启自我对话，认识到自己的需求和感受同样重要。它探讨了女性在不同生命阶段可能遭遇的心理压力和挑战，从少女到成人，从妻子到母亲，每一阶段都有其独特的心理需求和困境，它为你提供了一系列的建议和工具，帮助你走出困境，走向光明。

我深知，每一个女性都是独一无二的，她们的经历、情感和选择都是独特的。但我相信，通过这本书，你会找到与你相似的故事，找到与你相似的困惑，也会找到通往心灵健康的答案。

最后，我希望这本书不仅仅是女性的伴侣，也是男性的朋友。只有当我们都理解和尊重女性的内心世界，才能共同创造一个更加美好和谐的社会。

在探索心灵的旅程中，愿我和你，携手前行，奔赴更加健康、自由和充实的未来。

常州市妇幼保健院党委书记 

序二

常州市妇幼保健院周华主任编写的《再次绽放——心理咨询医生手记》一书，深度解读青春期、婚姻、恋爱、亲子关系等心理问题的密码，探寻女性内心最隐秘的真相，以细腻的共情力量，帮助女性解开心灵的枷锁，释放深邃的人性光辉。本书还介绍了认知行为疗法、精神分析法、临床催眠疗法及艺术表达等心理咨询与治疗的技术和技巧，行文简洁生动，富于哲理，可读性强。这是一本适合社会各阶层，特别是女性朋友阅读的心理健康科普书籍。

《2022年国民抑郁症蓝皮书》报告显示，目前我国患抑郁症的人数有9 500万，每年大约有28万人自杀，其中40%患有抑郁症。疫情给妇女和年轻人带来的影响最严重。引发抑郁症的主要原因是情绪压力和家庭亲子关系；其次是亲密关系和职业发展，分别占45%和35%。抑郁症患者中，女性占比为68%，远高于男性；女性抑郁症的患病率约为男性的2倍。抑郁症不仅会影响女性的身体健康，还会影响她们的社交关系、职业生涯和自我价值感，而且由于生理激素和外界刺激等因素而使女性的病情变得更加复杂。

周华主任在心理咨询领域长期孜孜以求、默默耕耘，形成了细腻温暖而沉着稳定的咨询风格，她注重个体化和针对性，能整合各流派，紧贴来访者的内心世界，灵活应用。她以真挚的情感、敏锐的视角、专业的技巧，撰写了女性抑郁、焦虑的人生故事，涉及的心理咨询范围广泛，对象从青春期、育龄期、孕产期至更年期、老年期；内容从女性情绪管理、人际沟通、个人成长、职业压力到女性孕育、亲子教育，涵盖当前社会热点问题：性侵、校园霸凌、高考、不孕不育、二胎三胎生育、产后抑郁症、疫情危机干预等。看别人的故事，触动自己的心灵，作者满怀悲悯之心，鼓励女性悦纳自己，向阳生长，活出自己的美丽。

当前，“健康中国”的理念深入人心，身心健康是每个人的追求。咨询师的作用就是陪伴引导，帮助来访者成长起来，变成身心和谐的人。《再次绽放——心理咨询医生手记》是一本优秀的心理科普书籍，科普心理健康知识，在帮助面临种种压力的女性走出抑郁、焦虑、失眠的困扰，引导女性正确对待自己、他人和社会，正确面对人生困难、挫折的过程中具有深远的教育意义。

常州市第二人民医院副院长、主任医师、教授
中华医学会心身医学分会委员兼整体健康协作学组副组长
常州市医学会精神医学分会主任委员

目录 CONTENTS

女性篇

我的外婆

人到了某个年纪
就是喜欢回忆
无数次
想起你

小时候写作文
常用的手法是
你的笑容如
菊花绽放
形容老人满脸皱纹

其实你的脸光洁白净
头发光溜
眼睛深邃
素净的对襟小袄
三寸金莲

你总是微笑
孩子们叽叽喳喳
追逐打闹
你从不嫌烦
没有一声喝斥
也从未红过脸
笑容像旭日
穿越时空

夏天是开心
又烦心的季节
可以游泳捉知了
但是又太热睡不着
你的手臂
有个神奇的功能
举在半空
扇扇子
你睡着了
还在扇

轻轻摇啊摇
轻轻哼啊哼
进入甜甜梦乡
稍一翻身
渐弱的风又吹起来
……

你走了很久
其实你并没走
很多的故事留给我
我的小脚外婆

梅香更醉人

——致我的母亲

有个姑娘叫小芳，
大眼睛儿麻花辫，
读书一流当班长，
文艺青年把歌唱。
“文革”忽然平地起，
知识青年下乡忙，
学校关门无学上，
无奈回家把活扛。
哥哥姐姐在外地，
爸爸工厂当先进，
小芳一人挑重担，
放下书本下地忙，
既当姑娘又当汉。
爸爸忽病卧在床，
小芳半夜去抓药，
照顾一家老和小，
年纪轻轻沐风雨，
一枝红梅傲风霜。
二八年华嫁人妇，
孝顺公婆家务忙，
危重症时生下娃，
七斤八两女娃娃，
视若珍宝赛男娃，
哪管他人舌头长。

佛争香来人争气，
女儿不比男儿差，
悉心照顾严要求，
勤俭持家把书买，
金山银山不稀罕，
腹有诗书气自华。
人生路上遇坎坷，
陪伴左右不言弃，
亲朋好友有求助，
从来尽力把忙帮。
如今回报源源来，
生活如意比蜜甜，
艰难困苦能坚守，
荣华富贵也淡然，
人生平凡却伟大，
梅香醉人代代传。

心理咨询师就是陪伴者和引导者

作为心理咨询师，长期与女性心理健康问题打交道，10年来的心理咨询经历，是深入接触女性悲伤的10年，填写的个人咨询档案垒成小山，一闭眼，令人伤心的画面浮现于面前，有的人眼眶微红，有的人泪如珍珠，更有的女性泪如倾盆雨下，桌上的一团团纸巾常堆成小山。

为什么女人的眼泪那么多？在这个妇女能顶半边天的时代，有的女性依然会被不公平地对待。农村偏远地区，重男轻女思想依然残存，父母忙着赚钱，忽视了对女童的关爱陪伴和教育。年幼时，遇到困难哭着求助，妈妈却怎么也不来；调皮好动时，被爸爸推到小黑屋里作为惩罚，甚至用针扎手，令人深感悲伤和恐惧。还有的早早寄宿，遭受校园欺凌，被孤立排斥，感到压抑、无助。当女孩成年后来到城市工作或打工，面临生育的重要关口，曾经的创伤被激发了，往往陷入抑郁、焦虑之中。而城市里的女性对自我的要求比较高，考不上好大学感到辜负了父母的期望，那份内疚让自己喘不过气来；在工作中努力上进，却常受压制，感到迷茫失落；找对象总是会谈崩，父母一直催婚，常常焦虑；婚后老公长期不在身边，孤单无助；怀孕时发现老公出轨，怒火在胸口冲撞；生完孩子又因为和婆婆养育理念不一，常闹矛盾……女性所面临的现实问题层出不穷。

除了经历生活负性事件，还有生物学、行为方式、心理认知各种因素导致的女性抑郁。行为方式方面，比如最近经历了明显的丧失：失业、失恋、离异、亲人去世等，而无法采取适当的应对策略，常花很多时间在被动的非奖赏性行为上，比如长时间刷手机、躺在床上胡思乱想、总是抱怨别人等，而不愿花时间在积极的社交联系、运动、阅读、培养兴趣爱好等具有挑战性、奖赏性的行为上。另外，对于身处的环境感到无法控制，觉得自己无论怎样努力，都不可能把事情变好一点。而思维方式方面，女性会产生一系列功能失调性假设，这些想法会被当作生活中的规则，比如：

“我应该得到每个人的肯定。”

“如果他不喜欢我，就意味着我不可爱。”

“这件事我没做好，我就是一个失败者。”

“我的性格就是这样，改变不了。”

来访者常困在固有的行为方式和思维惯性中无法自拔。

“平生不下泪，于此泣无穷”，女性以抑郁的方式进行着自我攻击，表现为情绪低落、无兴趣、精力下降等；而男性从小被教育“男儿有泪不轻弹”，面对压力的方式常常是喝酒抽烟，外出找乐。当丈夫采取回避态度时，往往更加深了妻子的抑郁。

“这些话我无法跟父母说，怕他们担心；无法跟丈夫说，他总是回避问题，认为我无理取闹；无法跟朋友说，怕他们不理解，甚至笑话自己的困窘。”

这是医生最常听到的话。逃避痛苦是人的本能反应，而逃避意味着失去成长的机会，咨询师以包容抱持的态度陪伴着来访者。

女性的心理问题如何解决？心理治疗的方法有很多，认知行为、精神分析、家庭治疗等，各有所长，资深的咨询师会融合各种流派，进行个性化处理。心理治疗的重要之处在于，它是一种识别问题、改变思维模式的方法，从而使人的整体健康状况得到改善。尽管药物治疗对那些抑郁和焦虑的人来说是很好的资源，但也要相信，与心理医生开诚布公地谈谈，找到问题根源所在，而不是仅仅用药物来控制症状。

为什么心理问题无法一次解决？认知行为疗法一般4～14次，精神分析法则有可能长达数年。心理创伤常常复杂而隐蔽，个体的心理创伤大多有代际传承的特点，相当一部分的工作是改变从祖辈处延续下来的思维、行为和情感模式。如果来访者愿意接受心理咨询，愿意在认知、行为上做出改变，能够充分表达和反思自己的经历，能够和医生坦诚交流，许多问题就会在探讨中不知不觉得以化解。

不开心的时候可以跟合适的人倾诉

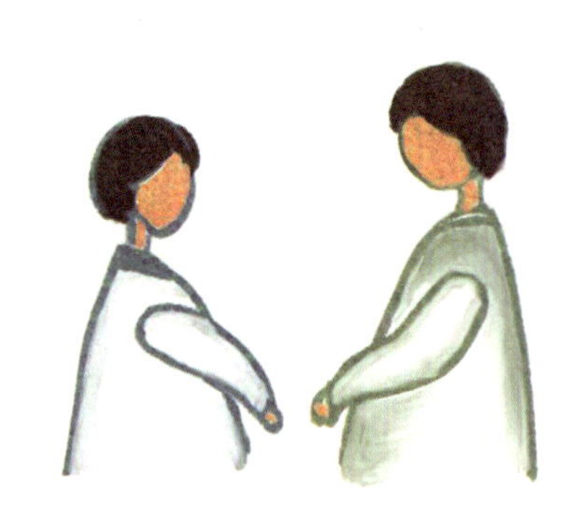

纠正，这不是一次闲聊

为寻求解决心理困扰的方法，为让自己成为更好的人，为拥有梦想中的幸福生活，有的来访者过几个月又会来到心理门诊，敞开心扉。咨询结束时反馈给我的信息是：和你聊天真好，朋友那聊了半天没什么用。

那么心理咨询治疗等同于聊天吗？

不是的。

我们在步入社会之前，需要发展许多必要的能力，最重要的就是处理各种关系的能力。哈佛大学一项持续 75 年的追踪研究发现，良好、稳定的亲密关系能让我们快乐、健康，收获幸福的人生。而在现实生活的某些关系里，比如夫妻之间、上下级之间，倾诉者可能不断地重复着某种破坏性的模式，表达不出愤怒，无法释放悲伤，总是体验失望，不断挑剔自己和别人等等，也体验不到被关注、肯定和支持的感觉。

而良好的咨访关系可以建立一种全新的关系，弥补所有其他关系里给不了的缺憾。在咨访关系里，双方一起努力，清理来访者过往经历中的情绪垃圾，经历新的、积极的情感体验，它将储存在来访者的大脑和身体里，在今后遇到类似场景时便能启用新经验来替代旧经验。

心理咨询治疗的工具主要是语言及非语言（表情、动作），相当于内科医生的药物，由专业受训的咨询师在一定的程序和设置中，与来访者不断交流，在密切治疗关系的基础上，运用心理咨询治疗的有关理论和技术，使其产生心理、行动甚至生理的变化，紧张、痛苦、抑郁、焦虑的情绪得以宣泄，真实的情感得以表达，驾驭情感的能力得以整合提升。咨询师引导来访者觉察内在的需求、动机和冲突，松动僵化的思想认知，建构起新的思路和行为，经过一定时间的心理咨询治疗，最终促进来访者人格的发展与成熟。

这是一门科学的艺术，咨询师的人格特征、人生经验和理论技术融为一体，给来访者以影响，如精神分析法通过消除其潜意识的冲突和创伤达到治疗的目的，行为治疗通过脱敏、塑造、强化的方法纠正其适应不良的行为，而认知疗法则通过转变来访者的思维方式来消除其不良情绪。

焦虑及心理防御机制

在人格发展过程中，本我、自我、超我之间产生冲突时，个体就可能产生焦虑。

有三种类型的焦虑：现实性焦虑、神经性焦虑和道德性焦虑。例如一个歹徒追赶我们，引起的是现实性焦虑，因为恐惧来自外部世界。相反，神经性焦虑和道德性焦虑是由个体内部的威胁造成的，当个体担心不能控制自己的情感或本能而做出将会引来权威者惩罚的事情时，神经性焦虑随之而来；当个体担心会违反父母或社会的标准时，道德性焦虑就会出现。焦虑使自我感受到危险的逼近，这时自我就要采取行动。

为了使自我能够应对焦虑，防御机制产生了。无论是健康人、神经症或者精神疾病病人，都在无意识地运用心理防御机制。当自我心理防御机制启用适当时，可以帮助我们减轻压力，增强适应能力。但是，如果心理防御机制被过多地使用，这种使用就成了病态的，而个体也会发展出一种回避现实的风格。

自我心理防御机制最初是由奥地利心理学家、精神分析学派创始人西格蒙德·弗洛伊德提出，之后他的女儿安娜·弗洛伊德对其进行了系统的归纳和整理，后来的心理学家又对心理防御机制进行了补充和修改。有 10 种常见的自我心理防御机制，本文主要介绍升华和幽默这两种比较积极成熟的防御机制。

升华是指把那些不为社会所接受的行为与本能的冲动，加以改变、净化、提高，成为符合社会标准的、高尚的追求。例如，当年轻的小伙子爱情遭受挫折时，他可以转向写诗、写小说、绘画、弹琴等，抒发自己被压抑的情感，也就是平时人们常说的化悲痛为力量。比如爱打架的孩子上了体校，把攻击性的欲望转化为体育竞技。升华能使原来的动机冲突得到宣泄，焦虑情绪得以消除，使个体恢复内心的安静与平衡，还能满足个人的成就需要。

幽默是另一种防御机制。德国作家布拉尔说过："使人发笑的，是滑稽；使人想一想才发笑的，是幽默。"诙谐、幽默、风趣是调节个体心理状态，是有助于个体适应的极好方法，是智慧的表现。比如谢顶的人自嘲智慧的脑袋不长草，矮个子说浓缩的都是精华……当个体陷入某种不协调、被动、尴尬的局面中，或与他人发生冲突时，用风趣幽默的态度去应付，可以使紧张的情绪得到缓解，尴尬的局面变得轻松。

消极的心理防御比如否认、压抑、退行等虽然可以暂时缓解焦虑，但就像失眠者长时间服用安眠药，副作用极大，我们应尽量学习并采取积极的心理防御机制，这是一个人心理健康成熟的表现。

情绪的背后是需求
焦虑

怕失败 怕失控
渴望正确、成功、健康

如何理解你的症状

有的人常常情绪低落，有的人容易发怒，有的人辗转反侧难以入眠，有的人心慌胸闷，有的人坐立不安……如此难过痛苦，急于摆脱，想要快点好起来，这是人之常情，但是从心理学角度，建议你停在当下，去觉察发生了什么，会更有意义。我们该怎样理解这些症状呢？

症状带有时代特色、文化背景的烙印。比如厌学的张同学，他感到焦虑、难以入睡与从小父母说的“万般皆下品，唯有读书高”有关。父母没有上好大学，将所有的人生希冀寄托在他身上，想要借助孩子来改变不如意的现实。

症状与对生命、社会规则的认知有关。比如刘女士产后常感胸闷气短、情绪低落，与传统的坐月子风俗有关，长辈不让洗头洗澡，要求她捂得严严实实，刘女士就认同了这些要求。

症状让人痛苦，同时也是为了避免更加难以承受的痛苦，比如从小受到家庭暴力和校园霸凌的李同学，长大后面临压力时情绪低落，头脑中不断冒出“你是个没用的人”的念头，她用刀割手腕来缓解内心的痛苦，而避免了自杀这一恶果。

症状有可能让你从中获益，达到一定的目的，比如抑郁的女性就诊后大都会获得家人的关注和重视，得到更好的照顾。而也有人借此退行到“婴儿”状态，沉迷刷视频而失去生活的规律性，逃避应负的责任。从长远看，这些行为具有破坏性。

症状是不和谐的信号，提醒你和自己、外界的关系需要调整；症状是学习好好照顾自己的开始，不开心的人总是为他人操碎心；症状是寻找并获得真实、完整自己的通道；症状促使我们在症状的“胁迫”下，开启通往自己的心灵旅程。在诊室里的女性往往会发出感慨，从来没有像今天这样认真探讨过自己的人生，去觉察自己的情绪模式，领悟到自己的认知需要调整。

请和你的症状待在一起吧，去觉察、去体验。需要明确的是，你对改变的想法，是通过躯体治疗，还是通过心理咨询治疗来解决，或者在社会领域得到帮助；需要分辨的是，哪些是自己能改变的，哪些是自己无法改变、只能适应的，而首先能改变的，往往是自己。

生活是伟大的导师，会教会我们很多。种子在每个人的心中，孕育的环境下，终会生根发芽，长成大树，而你会发展出新的策略和能力，成为新的更好的自己。

情绪的背后是需求

压抑

suppressing

是为了获得安全而
拒绝冲突

为什么经过心理咨询的女性变美了？

门诊中经常会遇到一种神奇的现象：女性朋友初来乍到，郁郁寡欢，脸上色斑沉着，愁眉不展，懒言少语，衣衫不整，怎一个"帘卷西风，人比黄花瘦"。然而，随着一段时间的心理咨询，慢慢地，她的眉头舒展开来，脸上浮现喜悦之色，腰板挺起来了，穿着打扮也变得精致起来，"浓妆淡抹总相宜"，仿佛一朵即将枯萎的花，重新汲取阳光雨露，焕发出生命的光彩。这是什么原因呢？我们从医学生理学角度解释一下：

当女性面临各种压力事件，处于应激状态，应激导致糖皮质激素大量分泌，使糖皮质激素受体分布较多的部位如海马、纹状体等的细胞处于长期高水平的兴奋状态，导致细胞兴奋型毒性发生，启动细胞凋亡程序，导致细胞凋亡和坏死，于是老态毕现。

"压力山大"时，慢性应激可抑制糖的转运，导致能量供应障碍，影响细胞代谢增殖和分化，加速衰老。另外，压力状态导致的糖皮质激素水平升高，出现胰岛素抵抗，使能量供应障碍，也会加速衰老的过程。

正所谓：一夜愁白了头……

如果一位女性年过三十还能保持良好的状态，"眉梢眼角藏秀气，声音笑貌露温柔"，说明她有着良好的心态，善于进行自我调节，及时放松减压，并保持生活的规律，也可能她悄悄预约了心理医生，及时化解了婚恋情感、职业发展、亲子关系方面的问题，让情绪能量自然地流动，卸下心理包袱，让自己轻装前行。

美丽是一种心态

一件黄底小白花图案、木耳小花边领的桑蚕丝衬衫，质地轻薄飘逸，一条藏青色薄呢修身背心裙，发髻高挽，脚下一双小黑皮鞋，这是晓蝶今天上台领奖的装扮，年轻的同事都夸赞说优雅美丽。从某种意义上说，夸赞美丽是对女人最大的褒奖，相比年少时的天然去雕饰，美对于上了年纪的女性来说，实在是件稀有珍品。要知道对于被琐事缠身的女人而言，平衡工作、家庭方方面面，足以消耗一位女性的热情和活力，令她皮肤粗糙、眼神黯淡。但对于意志力强大的人而言，当成是人生的一种历练也未尝不可。晓蝶还记得很多年前举办一个培训班，没有人手，一个人承担所有的前期准备、授课兼主持，辛苦完毕，还被曾经的女上司各种责备，只有冷嘲热讽，没有支持。面临职场压力，困境之下晓蝶唯有咬牙坚持。还记得孩子年幼时，一下班就扎进厨房当“马大嫂”，洗刷、辅导功课、陪玩还要兼顾自我提升。每天工作、家庭忙得精疲力尽，一个人仿佛活成了一支部队。年轻一代哪里知道优雅的高跟鞋曾踩过那么多荆棘，绊过那么多跟头，才有如今的那一份云淡风轻。朋友都说，晓蝶你应该有更好的发展，大概是应努力去争取更多的荣誉和地位吧，但是在晓蝶看来，女性要给这纷扰喧嚣的世界增添韵味和色彩，能够拥有健康美丽自在，已经知足。

“自古逢秋悲寂寥”，对于步入中年的女性而言，花样青春、美丽容颜的消逝令人伤感，高档化妆品往脸上抹了又抹，美容院去了一趟又一趟，脸上的斑和皱纹还是像雨后春笋一般起起伏伏，烦恼、焦虑、担忧接踵而至，这仿佛是女性无法逃避的宿命。其实，女性大可不必如此耿耿于怀，护肤品固然不可少，但是乐观向上的心态更为重要。

人生的道路曲折蜿蜒，“不是我不明白，是这世界变化太快”。每个人都无法预料明天会发生什么，但是有一点必须确信：你可以勇敢面对。当每一次困难降临，面对挑战，不回避、不执着于那些沉重而悲伤的感受，就像婴儿出生经过产道时体验了对黑暗和未知的恐惧，体验痛苦的同时也是一次重生。当你积攒起奋斗的勇气，动用智慧的力量，去勇敢面对时，会发现其实没什么可怕的，原来自己也很棒。一次又一次，不断地经历摔打和磨砺，树立起自信心，笑容就会不知不觉展露在脸上，腰杆就会自然而然竖得笔直，把自己看成是天使或是仙女吧，那么，谁又能否认你的美丽呢。

女性大多是感性的，环境的变化、外界的压力很容易引起女性心情的改变，如何缓解内心的压力，是每位女性必须面对的，投入地工作、读书、听音乐、找朋友聊天、运动，包括吃东西都是好办法。当宁静的书房里，只听见书页翻动的声音，浮躁的内心顿时安静下来。多读书，读好书，就是在构建自己精神世界的大厦；当你安安静静坐着，轻柔的音乐萦绕在耳旁，专注地觉察自己的思维和情绪，感受自己内心的低语时，所有的困惑渐行渐远；当你保留对这个世界的好奇心，不断拓展未知的领域时，生命的热情将绽放……当你找到了一种合适的方法，及时地把不良情绪发泄掉，而又不伤害到别人时，每天都开心的你，想不美丽都很难。

爱，也是保持美丽的良方，爱你的家人，爱你的朋友，爱你的工作，爱你的同事……把爱的甘露洒向你脚下的每一寸土地，把爱的阳光传递给你身边的每一个人，那么，美丽就会对你不离不弃。

世上没有丑女人，只有不懂得爱惜自己的女人，十八岁的清纯，二十五岁的娇艳，三十岁的优雅，四十岁的从容，每一季都有属于自己的风采，即便你是那么平凡，平凡到汇入人海即刻难觅踪影，也要坚信自己：我很美丽。正如杨绛女士所言，一个人经过不同程度的锻炼，就获得不同程度的修养、不同程度的效益。好比香料，捣得愈碎，磨得愈细，香得愈浓烈。也许，一个人要过很久才能遇见最好的自己，但是请相信，一切都不晚。

女人越独立，活得越高级

朋友圈里的姗姗玉指纤纤，弹着钢琴，优雅迷人，宛若公主。而现实生活中的她，欠着外债，老公出轨，忙于工作还债，夫妻俩互不搭理。姗姗很不满意这样的生活，身边朋友晒的豪车让她心生羡慕，虽然教琴收入不错，但是她不满足，想要找个有钱的男人，让生活有个依靠，填补不断膨胀的物质欲望。身边也有献殷勤的男人，姗姗偷偷约会过，她对年薪 20 万的男人很不屑，认为收入太低，男人越是吹嘘自己收入高，姗姗的内心越动摇，她享受着被人追求的愉悦，也生出离婚的念头，对表示悔意的丈夫置之不理。这样玩了一阵子，姗姗终究舍不得儿子，为此纠结不已，内心焦虑不安。看到网红直播很赚钱，姗姗又心动了，她幻想着一夜变成网红，看客纷纷打赏，钱像雪花一样飘来，她就不用一节课一节课地教学，慢慢赚钱了，为此她没有心思约课教孩子钢琴，业务量急剧下降，姗姗更加焦虑起来。

蓉蓉也是个美丽的女子，精致的五官像百合花一样，散发着迷人的芬芳，吸引着身边的异性朋友们。她嫁的男人老实本分，拿着微薄的收入。蓉蓉从事商业工作，收入也不高，眼看身边的小姐妹，虽然收入不高却生活得很潇洒，时常跟男人出入高档场所，蓉蓉很不甘心：自己也不比别人差，怎么活得这么憋屈呢？蓉蓉有心找小姐妹取经，因此认识了一位大姐，告诉她女人只要想开点，来钱是很快的，月入几万没问题。蓉蓉听了很心动，什么样的事来钱轻松又快呢？她没多想，一切听大姐的安排。在恍恍惚惚之际，蓉蓉被大姐带到陌生的地方，接触了一位陌生男子，紧张慌乱之中，蓉蓉和这个男子发生了关系。事后蓉蓉一下子清醒过来，自己这是在干什么呢？怎么会做这样的事，她感到后悔、自责、无助、愤怒，蓉蓉开始吃什么吐什么，整夜无法入睡，精神专科医院诊断她为抑郁症，服药一段时间，依然觉得走不出来，她感到自己的一生被毁了，本想赚大钱却上当受骗，遭遇了物质、身体和心灵的三重损失。蓉蓉越想越难过，最让她痛苦的是自己没能做出适当的选择，在被动无知的状态下失去了女性的贞洁。

"出轨""卖淫""网络直播一夜暴富"频现，姗姗和蓉蓉只是一些女性的缩影，她们有着美好的容颜，也有一颗驿动的心，在虚浮的消费主义诱导下，为花花世界所迷惑，想着依赖男人，想要一夜暴富，轻松实现财务自由，而现实生活给了她们一个大大的教训。"你凝望深渊，深渊也在凝望着你"，女人走在钢丝绳上，稍不留神，将堕入深渊。

从心理学的角度，姗姗和蓉蓉的痛苦源于本我、自我、超我的冲突，追溯其童年时期都经历了物质的匮乏，内心特别渴望金钱带来的安全感。姗姗和蓉蓉的经历提醒女性朋友，天下没有免费的午餐，也没有不劳而获的捷径。如果所嫁之人没有大富大贵，那么自己也可以通过努力劳动赚钱，摒弃那些不切实际的欲望，"不积跬步，无以至千里；不积小流，无以成江海"。任何一个女人，只要试着在工作中多做一点，多努力一点，就会发现，自己起初的目标已经在慢慢实现，经过岁月的磨炼，最终都会得到自己想要的一切。

姗姗和蓉蓉的痛苦也在于没有达到真正的独立。女人越独立，活得越高级，独立有三种层次：生活独立、经济独立和思想独立。生活独立，决定了女性有没有选择权，能不能做自己的主；经济独立，决定了女性能否活得有底气，而不必依附他人；思想独立，决定了女性是否有更高的眼界，去追求更好的人生。姗姗和蓉蓉一定会从自己的经历中领悟到很多，因为她们还是母亲，自尊自强自立的生活态度，将是给孩子最好的人生财富。

努力为何得不到回报？

李丽（化名）走进妇女心理诊室，眉头紧皱，神情紧张。她说工作以来一直不顺心，越来越害怕上班，最近一个月情绪低落，吃不下饭，睡不好觉，月经也不来了，可是去医院检查却没查出什么病来。

我详细询问李丽的经历。她说，自己是一所学校的老师，工作上勤勤恳恳，每天上课、管孩子，讲得嗓子都哑了，经常累得筋疲力尽，回到家没精力照顾家人和孩子，觉得很内疚。"我是个要强的人，希望付出的努力能得到认可，但是校领导不但没给过我一次奖励，还认为我对孩子态度不好，教学上不去，还总把差生班给我带。"更让她心里不平衡的是，那些没自己负责的老师却总能拿到荣誉。李丽觉得，那些老师只不过是比自己会拍马屁，经常给领导送礼罢了。

在深入了解李丽的经历和现状后，我表示非常理解她的心情。在接下来的咨询中，我和她商定主要采用合理情绪疗法，帮助她调整认知，进而改善情绪。我问她："你认为什么是差生呢？"李丽想想说："我觉得听老师话，认真听课和完成作业，考试成绩好的就是好学生，做不到的就是差生，学校老是把调皮捣蛋的学生放在我的班级，管起来很吃力，为了管住他们，我经常要虎着脸，扯开嗓子。"

"按你说，成绩不好就是差生。那他们是每堂课都不好好听，每门功课都不好吗？""也不是，有的课他们还算认真，考得也还好吧。"李丽犹豫了一下，接着说："嗯，有的课没学好、没考好，好像也不能就定义为差生，我的想法是不是太绝对了？”

我笑了，启发她，“教育是爱的教育，学生只有感受到老师是真心爱她们的，才会听得进老师的话。如果老师在内心里把那些不听话的学生当成是差生，以厌恶的表情面对孩子们，以指责的口气和他们沟通，会产生良好的教育效果吗？”李丽沉默片刻，点点头说：“可能我的态度不太好。唉！其实我不喜欢当老师，是母亲想当老师没当上，非让我报考师范学校，满足她自己的心愿，我是迫于压力啊。”

我表示理解，告诉她，虽然职业选择并不如自己所愿，但是既然已经入了这个行业，也积累了不少经验，就得面对现实，接纳现实，调整好自己的心态。李丽表示同意，她说在学校的时候自己成绩非常好，可是工作后发现自己的职业发展不如那些成绩一般的同学，这让自己非常郁闷。

我笑了，开导她：“虽然一些同学学业不如你，但其他方面未必不行，比如与人沟通的能力、情绪管理能力等等。一个人需要发展各种能力，才能更好地适应社会呀。”

李丽连连点头：“可能我的想法太片面了，仅以学生的分数来衡量他的好坏，对学习成绩差的学生态度较差，看来领导批评我是有道理的。”

对于李丽一直没有得到荣誉的事，我说：“如果暂时得不到社会的认可，是否可以在内心先对自己有个肯定，认为自己很棒呢。”

咨询结束时，我请李丽回去记录下自己的感受和思考。

第二次就诊时，我继续倾听共情，与其不合理信念进行“斗争”。李丽紧锁的眉头渐渐舒展开了，她说，其实孩子点滴的进步就是对自己工作最好的肯定和回报。我笑了，夸奖她是个好老师，对于李丽所说的同事比自己会拍马屁的事，我请她思考一下，如何和同事、领导进行沟通。最后我建议她暑假里陪着孩子痛痛快快地玩，暂时把工作放放，避免职业倦怠。

两周后我电话随访，李丽兴奋地说，自己正和儿子在外地旅游，玩得非常开心，失眠好了，吃饭也香了，等开学以后再投入工作中去吧。

拒绝恋爱的女生

小荷正当青春妙龄，长相甜美，身材姣好，性格温和，工作稳定，给她介绍对象的人络绎不绝，男生各方面条件都不错，可是小荷根本不想谈恋爱，不肯去见面，即使见了一次，第二次约吃饭，小荷也会找各种借口推掉。前两天又有人来介绍，男生高大英俊，工作能力强，听起来是个比较理想的对象。妈妈催着小荷去相亲，小荷紧张得整夜睡不着，她朝妈妈吼起来："你再逼我，我就去跳楼了。"小荷抗拒恋爱，反应如此激烈，让妈妈感到很担心，带女儿来到妇女心理门诊。

小荷气鼓鼓地说："我不想谈恋爱，我有工作有朋友，平时有外公、婆婆和妈妈照顾，挺幸福的呀，谈恋爱太麻烦了，以后结婚有了孩子，也很麻烦，妈妈老催我，真是烦人。"她的妈妈神色疲倦，担心地说："我自己身体不好，不可能照顾女儿一辈子，总想找个可靠的人来照顾她，可这孩子却不领情。"妈妈皱眉直叹气，不明白女儿为什么那么倔强，一说去相亲就情绪过激，妈妈希望我能做通小荷的思想工作。心理咨询不是做思想工作，我也不可能劝女生去谈恋爱，但是抗拒恋爱的背后藏着哪些心理秘密呢？我可以陪伴小荷一起去探讨一下。

小荷说，从小父母吵架、打架，小荷调皮，父亲也会打她，直到小学时父母离婚。小荷对父亲没有什么好感，不想恋爱的念头从小就有了，觉得男人很麻烦。她和外公、外婆、妈妈一起生活，觉得挺幸福的，家人好像在补偿她，在家里她不用做一点家务，一直被照顾得非常好。我问小荷每天回家都做些什么，她说就是玩玩游戏、遛遛狗。在我的眼前，是一位明媚的女性形象，但是我也看到了她的另一面，这位女性在心理上是和家人牢牢粘在一起的婴孩，童年的成长经历让她产生对异性的排斥心理，而恋爱婚姻意味着要进入新的角色，意味着承担责任，小荷生活上无法自理，精神上也没有独立，她怎么能够和另一个人建立起亲密关系呢？妈妈听了我的解析觉得有道理。我又问小荷有没有独立的生活空间，小荷摇摇头，从小到大，她和妈妈睡一张床。我的建议是回去以后分床睡，小荷已经是大姑娘了，要有自己独立的生活空间，自己的事自己做，收拾自己的房间，洗自己的衣服，她需要完成“分离个体化”，成为一个独立的个体，才能拥抱更广阔的世界。

事情最终会好起来的

真的是怕老公吗?

女性性厌恶的背后常隐藏着心理问题。

一个平常的出诊日，一位漂亮丰润的女士、一位清瘦英俊的小伙子，一起走进我的诊室，两人支支吾吾，欲言又止。我说:“没关系，有任何问题都可以说。”沉默了好一会儿，男生终于鼓起勇气开口了:“医生，我俩结婚两年多了，一次夫妻生活也没成功过，她总是很紧张，特别怕疼，身体僵硬，每次都推开我。曾看过妇科，没查出什么毛病，网上买了润滑液也没用。家里长辈很着急，三天两头催我们生孩子，压力好大啊！我也搞不懂，两人谈恋爱时感情挺好的，结婚后怎么会这样？现在我整天忙工作，怕回家，怕面对妻子，医生帮帮我们吧！”

和“话匣子”的爱人不同，小涵看上去腼腆羞涩，她低头不语，说话跟挤牙膏似的，身体也蜷缩着，看似人高马大，却显得虚弱无助。我感到一道无形的墙横亘在我们面前，她的内心紧紧闭锁着。诊室的门关着，我非常温和地说:“这里很安全，有什么话都可以说。”小涵这才慢慢打开了心门，她说从小到大，听到最多的是父母的吵架声，现在还常在脑海里嗡嗡作响。父亲时常外出打工，没有管过自己，因为生疏，她不肯叫爸爸，被吊起来打过；在青春期时自慰，也被妈妈打过，觉得性很肮脏。从小那么孤单，总是和小狗一起玩，和小狗在一起才觉得开心。父母老是批评指责自己，觉得很生气，却又不知怎么表达……一件件往事，像过电影似的，说着说着，小涵忍不住流下了眼泪，那些压抑已久的、委屈愤怒的情绪宣泄出来。她说自己是胆小自卑的人，有了老公的认可鼓励，才慢慢好起来，可是却始终无法接受男人的生殖器，非常害怕。我一点点启发她，生活中还怕什么吗？小涵立即说怕蛇，从小生活的环境中有蛇，看到就很害怕，远远地躲开。我又问她，黄鳝怕吗？蚯蚓怕吗？经深入沟通探讨，找到了让小涵恐惧的东西：像蛇一样又粗又圆的东西。经认知行为加系统脱敏治疗，小涵在原生家庭里遭遇的心理创伤逐渐得到修复。

经过一段时间的治疗，小涵终于不再害怕老公，不再拒绝亲密关系，夫妻二人找回了恋爱时的甜蜜，满怀信心期待着小生命的降临。

如何化解冰美人

正当妙龄的女性，拥有着青春的容颜和满满的活力，本应该享受美好的人生，可是有的人却面临着一个尴尬的问题——性冷淡。这是一个令女性难以启齿的话题：面对自己的爱人提不起兴趣，或者因为精神紧张，局部痉挛疼痛，无法进行夫妻生活。这样的情况并不少见，但是女性朋友们很少会主动求医，因为羞耻感，也可能不知道找谁看，或者觉得无关紧要而与医生失之交臂。性是人类的一种自然需求，性在婚姻中有多重要，每位女性有着不同的答案，但是长期琴瑟失调，会给夫妻关系蒙上阴影，严重者导致离异，影响到女性的生活质量。

导致女性性冷淡的原因很复杂，就接诊的案例来看，主要有这样一些原因：一是儿童或少年时期受到过性的暴力创伤，成年以后心理阴影还在。二是受母亲的思想影响，如果母亲的婚姻不幸福或者离异，对男性怀有怨恨心理，从小在女儿面前抱怨：男人没一个好东西，使女儿在成长过程中被输入了负性思维和认知，认为男人是坏的，不可靠、不可爱的，导致女性在婚后的夫妻生活中产生抵触心理。三是性知识的缺乏，有的女性虽然接受了高等教育，但是对科学的性知识一无所知，浏览了网络论坛上其他女性对性疼痛的描述，从此产生了恐惧心理。四是和爱人的感情并不融洽，对女性而言，如果平日感受不到丈夫的体贴和关爱，很难投入地享受性的乐趣。除去心理因素，女性的运动与营养状况也影响到性能力。有的女性从早到晚面对电脑，身体处于静止状态，长此以往，体质虚弱，全身关节肌肉僵硬。缺少锻炼会导致盆底肌肉缺少力量，而盆底肌肉除了承托着膀胱、子宫等盆腔脏器，控制着排尿排便，还维持着阴道紧缩度。还有的女性喜欢吃素，饮食过于单一，以蔬菜水果为主，很少吃鸡、鸭、牛肉、鱼、猪肝等荤菜，缺少合成雄激素的原材料，导致性活动的“燃料”不足。种种原因交织在一起，导致部分女性在婚后成了无法点燃的“冰美人”。

健康的女性才有健康的性，而健康的性又促使女性身心更加健康，而拥有这一切，需要女性朋友们行动起来，积极进行身体与心理的调整。

催开隐秘的花园

调查研究显示，全球每年约有40%的适孕女性在行房时面临“难以启齿”的性功能问题，求诊人数逐年攀升，已成为一项令人担忧的公共卫生议题。新加坡的一项研究表明，“性功能低下”的女性，比起过着“性福生活”的已婚女性，在一年内怀孕的概率整整下降了27%。笔者最近连续接诊了多起女性性功能障碍案例，导致久婚不孕，这提示我们妇幼卫生工作者要加强性知识科普教育，帮助解决女性性功能障碍问题。

女性性功能障碍分性兴趣或性唤起障碍、性高潮障碍和生殖道盆腔痛或插入障碍三大类，而插入障碍在临床中并不少见，与社会文化、生理、心理、性知识、性技巧缺乏等多种因素有关，但更多源于心理因素。

丰腴的小倩来到妇女心理门诊，她羞怯地说结婚两年多了，因为怕痛，一次性生活也没有成功过，只要老公一碰到她，就浑身僵硬，感觉有一支枪指着自己的脑袋，紧张得喘不过气来。长此以往，好脾气的老公流露出不满，家里长辈也一直催促要孩子，小倩感到压力巨大。她多次到妇科就诊，腹部B超显示无异常、内分泌检查无异常。因为怕痛，妇科检查一次也没成功过。小倩最终鼓足勇气来到心理门诊。

我通过倾听共情，与她建立良好的治疗关系，并详细了解小倩的家庭史、过往生活经历、健康史、生活习惯等，发现小倩并没有性创伤经历，家庭也和睦，可能影响性行为的原因是缺少科学的性教育、长期久坐缺少运动。而因心理紧张，阴道痉挛，性行为无法成功，形成条件反射，她把夫妻生活当成任务和压力事件，越害怕越难成功。在坦诚交流后，小倩松了口气，原来这样的情况并不少见，她需要积极地配合治疗。随后我们商定了目标：第一次能进入一根棉签。

小倩躺在检查床上，非常紧张。我用腹式呼吸、渐进式肌肉放松技术帮助她导入催眠并逐步加深，“随着每一次呼吸，你就会进入更深的恍惚状态中，因为你很想要一个健康可爱的孩子”。随着我轻柔的引导，小倩绷紧的身体放松下来。“下面你将要进入一座美丽的花园，你怀着期待好奇的心来到花园门口，花园的门是什么样的呢？是石头的？木头的？还是金属的？想象一下它的材质。它是拱形的？长方形的？还是圆形的？它有多高？多宽？越详细越好。门上鲜艳的蔷薇盛开，蝴蝶翻飞，蜜蜂嗡嗡，一阵轻柔的风吹来，你站在门口，可以听到里面传来哗哗的流水声和小鸟的叫声，你轻轻地推开门，吱呀一声，门打开了，你迈着轻快的脚步走进了花园……”在催眠恍惚的状态下，棉签轻轻进入了小倩的身体，而她并没有感到疼痛。

我给小倩布置了家庭作业，增加慢跑等运动，把偏高的 BMI 指数降下来，每天练习凯格尔运动，进行盆底肌训练。随后的几次门诊，小倩克服了对性的恐惧，越来越放松，可以进入两根棉签、手指头。4 个月以后，小倩减肥有效，BMI 降至正常，夫妻生活成功，并且顺利怀孕了！

做心理咨询要真正进入到来访者的生命里，真心贴着来访者一起探索，再困难的局面也会找到资源。而临床催眠可以通过治疗性的恍惚状态激活病人的心理能力，达到治疗效果。艾利克森临床催眠治疗，其最为经典的是“利用”原则，认为每个来访者都是独特的、无与伦比的，且具有解决自身问题所需的潜在能力，包括其所有的不良习惯、独特的行为模式等，都可以作为资源，拿来“利而用之”。本案例中将要传达的信息以合宜的方式，在不同的意识水平上传达给来访者，促进了治疗目标的达成。

高龄女性，还生不生二孩

“全面二孩”政策实施以来，很多高龄妈妈不畏艰难，重新走上孕育之路，有的在医生帮助下成功了，但更多的人因身体条件原因难以实现愿望，金女士就是后者。43岁的她，反复3次胚胎移植均告失败，她整夜睡不好觉，陷入焦虑状态，于是来到妇女心理门诊求助。

我见金女士年纪不小了，但俏丽的脸蛋保养得当，形象气质颇显年轻。双眉紧蹙的金女士一见我就急切地说，“一来女儿长大要出国求学，自己空闲下来了，二来想生个儿子传承家业。”金女士很执着，她咬咬牙说，“虽然移植一次，失败一次，但是坚决要做，无论多大的代价。”金女士表情坚定又苦恼，“医生劝我年纪大了，不合适怀孕了，可是我说服不了自己，而且最好是个男孩”。对于她的感受和想法，我表示理解。为什么金女士如此执着于生育，这需要医生和来访者一起去挖掘，找到根源，而它往往隐藏在一个人的成长和生活经历中。

“我从小家庭贫困，这不是父母的错，我也不怨他们，靠自己打拼呗。我和爱人经过了非常艰苦的创业奋斗，真是没日没夜啊，慢慢创下了丰厚的家业，后来我就休闲在家了。生活条件是越来越好了，可为什么我还觉得缺了点什么呢，心里总是空落落的。”金女士唉声叹气，“老公忙着打理公司，基本上不着家，我也理解他，要赚钱嘛，总归是要付出的，可是想想家里常没人，很多事情要自己扛着，又觉得很委屈。”金女士倾诉着自己的委屈和无奈，眼泪吧嗒吧嗒流下来。

我耐心倾听共情，帮助金女士层层解析，让她看到那个外表坚强的女人背后，是一个孤单无依、需要被呵护的孩子的形象，那个渴望陪伴关爱的自己。金女士忽然意识到，虽然自己过上了富裕的物质生活，但是精神上的需求还没得到满足。是执着地继续移植胚胎？还是另做打算？我建议金女士和爱人好好沟通，除了赚钱，夫妻之间需要培养新的相处模式，多些陪伴沟通。金女士听后眉头舒展，她表示回去好好想想。一个多月后，我电话随访，电话那头传来金女士喜悦的声音：“我和爱人已商量好，我们放弃移植了！两个人安排了旅游，现在生活很充实，心情放松，睡眠也好了，谢谢医生！”

再次孕育新生命，对高龄女性而言，是一个巨大的挑战，35 岁以上的女性面临生育能力下降，难以得胎等问题，即使妊娠也会面临并发症增多、胎儿畸形等风险。在经过孕前生育咨询和检查，最后选择放弃，何尝不是一种明智的选择呢。

女本柔弱，为母则刚

都说女人如花，女人似水，女人是温柔的象征。年轻的女性，还带着些许天真，些许任性，那份慵懒和娇柔惹人怜爱，但是在面对孕育新生命的重要时刻，特别是面对重重困难和挫折的关口，女性会激发出生命的潜能，完成自我的成长，变得刚强如铁，坚韧如山。

那是一个寻常的日子，我忽然接到一个电话："是周医生吗？我要告诉你一个好消息，这次移植终于成功了，我刚才在生殖中心门口哭了整整20分钟呢。"声音听起来很激动，喜极而泣的感觉，我一下子想起来了，是曾经接诊过的小可女士，真是好消息，要知道这已经是她第四次试管婴儿移植，终于成功了！

记得半年前，一位长相清秀的女性走进我的诊室，神情沮丧，双眉紧蹙，她就是小可，第三次试管婴儿胚胎移植，依然在8周时胚停，小可拿出厚厚一叠检查单，有上海医院的，也有本地医院的。她说："我加了移植QQ群，眼见大家接二连三地报告移植成功的好消息，就剩我一直不成功，越来越紧张恐惧，不敢再看下去了，只好退群。"原来，婚后三年里小可赶赴各地看不孕症，各种检查和治疗，花费高达二十多万元，家人的催促和经济压力让小可心烦意乱。

反复移植失败，提示了精神心理因素对孕育的影响。我对小可进行个案概念化。追溯其童年生活及成长经历，原来，小可成长于离异家庭，童年没有享受到被悉心呵护的温暖，她在孤寂的家庭氛围中渐渐长大。由于经济原因，成绩不错的小可放弃了考大学的机会，早早地进入社会工作。小可形象气质好，加上口齿也伶俐，通过努力奋斗，她的收入也不差，经济上的独立让小可有了些安全感。

很快，小可恋爱并步入婚姻殿堂。婚后，虽然爱人挺体贴，但在家庭生活中，小可时常会为生活琐事和爱人吵架，情绪难以自控，总觉得那份爱还不够多。情绪激动之际，小可竟然摔坏了六部手机。不仅夫妻之间经常吵架，和父母、公婆的关系也不好，缺乏必要的支持，反而感到很多压力，这一切让小可时常陷入紧张焦虑中，长此以往，导致生活失去了有序性，她基本上不运动，一天看十几小时的手机，也不做饭，几乎顿顿吃外卖。

小可迫切希望移植成功，渴望成为母亲。我告诉她，想要成功，就得积极配合医生，付出努力，小可很坚定地点点头。我和小可商定了治疗目标和方案：孕育生命是个自然的过程，需要良好的内环境，当女性的身体和心理处于良好的状态时，新生命自然而然会来到，一次次移植失败，说明自己的身体和心理都还没有准备好，而且一家人经常吵架，不和睦不安宁，宝宝也不愿意来到你们家。小可觉得很有道理，重新制定了详细的生活计划。

从那天开始，小可启动了全新的生活方式，她不再盯着手机一看十几个小时，而是去办了健身卡，每天坚持运动，从器械练到跑步，挥汗如雨。她开始自己去菜场买菜，学习做饭烧菜。每个月我会电话随访一下，小可很兴奋地告诉我，一直在按方案执行，慢慢地她觉得身体变轻松了，心情也变好了，听到父母和公婆的唠叨不再觉得心烦，和爱人相处，也耐心多了。三个月后，波动的内分泌指标恢复正常，小可进入新的移植周期，她说："我能坦然面对，如果不成功，还会继续努力的"。

好消息是，小可终于“试管婴儿”胚胎移植成功！而且是双胎！所以才有了开头的那一幕，而最新的随访结果是，双胎宝宝已经两个月了，一家人其乐融融。我不禁想到那句话：女本柔弱，为母则刚。想要为人母的强烈愿望，让小可选择走进心理门诊，也让她在医生的指导下，努力去调整自己的认知和行为，改善和家人的关系。孕育新生命的过程，何尝不是让女性成为更好的自己的一次经历呢。

全职妈妈如何不心累

阿雯是位打扮精致的全职妈妈，在养育女儿的过程中尽心尽力，最近她为女儿的学业感到焦虑，原因是升三年级后女儿成绩没一、二年级时那么好了。上周一，女儿没按自己的要求做作业，阿雯发火了，拿过作业本就撕了。数落孩子，“你这样的学习态度，对不起自己的时间”，还打了女儿的手臂。之后阿雯感到焦虑委屈。上周三，女儿因错了一个单词被留堂，阿雯认为她不应该犯错，去找老公发脾气控诉女儿，还立即买了个监控放在孩子卧室。阿雯想让女儿长高一点，每天督促她运动，上周四女儿没按计划完成跳绳，阿雯又发脾气了，当天晚上洗碗时把盘子摔到水池里。阿雯控制不住情绪，感到焦虑、委屈、气愤，为什么养孩子这么累，操不完的心。她遇到一点小事就焦虑发作，不能接受女儿有问题。

阿雯为何如此焦虑？她的焦虑到底来自哪里？真的是因为女儿的学业成绩和不听话吗？

我以共情、无条件关注与阿雯建立治疗联盟，以精神分析与认知行为疗法相结合开展工作，保持中立、节制的同时给予引导启发，让她充分表达情感，阿雯压抑、焦虑的情绪得以宣泄。她说，在养育女儿过程中发生的事情，不断激起自己的成长经历和感受，她想到母亲对自己生活上照顾很好，但前提是自己表现好、学习好才会喜欢和认可。青春期学习成绩下降后，母亲表现得非常焦虑，不许她贴海报，不能穿漂亮衣服，家里不停地打扫，不许坐皮沙发，不可以弄脏，教育以指责打骂为主，缺少亲情沟通，以至于成年后自己不知该怎样当好母亲。对于自己辞职当全职妈妈的事父母也非常反对，认为太没面子。阿雯头脑中常冒出全职妈妈没有价值，女儿学业好，自己才有价值，成绩下降就是自己无能的念头。

经连续12次心理咨询，阿雯感到在父母那里得不到的回应在咨询师这里得到了，被理解和充分表达的感觉很舒服。医生像白板或镜子，来访者的生活经历，所思所想、情感、需求均投射在上面，去照见真实的自己，产生觉察。阿雯开始真正理解自己的老公、女儿和父母：老公辛苦养家需要安慰支持；女儿情商很高，自信开朗；父母承受着上辈传递的焦虑，无法消化而转嫁给自己，他们有局限性。咨询师含容抱持，通过与父母、老公不一样的回应模式，让阿雯僵化的内在得以松动，同时也帮助阿雯梳理家庭关系和历史，看到自己的资源：为培养好女儿甘心当全职妈妈，自己所缺乏的一一补偿给女儿，家庭生活富有仪式感，能充分沟通互动。而且她是有力量的，并不像自己所感受到的那么没有价值。阿雯最后产生领悟，亲密关系是一种治愈，自己在借养育女儿治愈自己。

焦虑是人们对现实压力的反应，从远古时代起，当感受到外界的危险，当面对恶劣的自然环境，如野兽侵袭、自然灾害、他族侵略时，人们会本能的肌肉紧张、心跳加速，让自己处于警觉应激状态，随时准备着进攻或逃跑。适当的焦虑是一种保护机制，可以让我们更好地生存下去，但是如果处于持久过度的焦虑中，无法自我调节，就会影响到我们的健康，血管收缩、肌肉痉挛、心跳加速。焦虑攻击着各个脏器，久而久之出现心血管疾病、胃病、皮肤病，出现胸闷气短、睡眠障碍、关节疼痛等躯体症状。如果父母不能处理好自己的焦虑，给成长中的孩子带来过多的压力，最后的结果是孩子出现心理问题，严重者厌学或自伤自杀。

哈佛心理实验室曾经对人的焦虑进行过科学统计，研究发现：有40%的忧虑是源于对未来的担忧；30%的忧虑是源于过去的事情；有22%的忧虑是因为生活中一些微不足道的小事；4%的忧虑来自个人无法改变的事实。只有剩余的4%，来自我们正在做着的事情。我们担忧的那些事情往往都不会发生，那些负面想法，都是大脑加工后的结果。

阿雯需要调整的是自己的负性认知和负性情绪，在想朝女儿发脾气时，先缓慢地深呼吸，觉察自己的情绪，可以离开当下的场景，直到自己感觉好一点，可以面对接下来的问题。平时给自己一点空间和时间，比如可以阅读，打开眼界和思路，不再钻牛角尖；可以写日记，梳理情绪和事件，保持独立与清醒；可以与好朋友交谈，获得支持；可以旅行，领略自然之美，去看看别人的生活；可以学习舞蹈绘画，发展兴趣爱好，感受艺术的美好；还有就是运动，研究表明，稍微运动就可以改善我们的内分泌，提高多巴胺等"快乐因子"的分泌。

转移注意力

破镜还能重圆吗?

30岁的小璐身材矮小,清瘦,脸色灰暗,头发乱得像个鸟窝,衣着朴素,不修边幅,她低头闷闷不乐,边说话边不停地咬指甲,手指甲很短,斑斑驳驳。她说最近发现老公借口去外地出差,却和别的女人同居。她伸手打了丈夫一巴掌,质问他"还会吗?"丈夫却回答"不知道"。之后小璐发现两人还在联系,更生气了,当时想离婚,但是为了孩子又拿不定主意。小璐陷入生气、失望、纠结的情绪中。她说老公恋爱时很体贴,舍得花钱,觉得他挺好,婚后发现兴趣爱好、消费观念都不一样,彼此不肯互相迁就,时有矛盾。小璐还嫌弃老公不会赚钱。面临婚姻中的问题,小璐想离婚却又拿不定主意,她说自己遇到生活、工作中重要的事情总是很纠结,不知道该怎样做出合适的选择,做事拖延,有时间就躺在床上刷手机。

我发现这小璐有难过的情绪,但是无明显情绪低落,少部分时间有兴趣下降,无明显精力下降,睡眠可,食欲一般,抑郁自评量表SDS50分,排除抑郁症。以下是两段咨询对话,帮助小璐练习挑战不合理的自动思维,建立合理的替代性思维,发展出可以应对情绪的新的行为。

第二次咨询对话:

咨询师:对老公出轨的事,你反复生气,这意味着什么?

来访者(叹气):我感到他出轨就是不在乎我。

咨询师:你感到很受伤害,感到不被在乎,因而生气难过。

来访者:是的,都是他的错,被发现了还不道歉,还在和那个女人联系。

咨询师：嗯，你认为都是他的错，那么什么样的情况下你老公又和那个女人联系了呢？

来访者：我也没什么证据，就是怀疑他。有一次老公脚扭了我没过问他，我也要打游戏，他就去找别的女人打游戏了。

咨询师：听起来你对老公不是很关心。

来访者：是的吧，我就想着多赚钱过好日子。（停顿了一下）可能我关注钱胜过关心老公。

咨询师：实际上你也不太关心老公，老公就去找别的女人。前面你说婚姻有问题，都是老公的错，现在你怎么看呢？

来访者：哎，我也有不对的地方，不怎么关心他，他还说我身上有味道。我是看见他就来气，不想理他。

咨询师：再想想，生气的情绪还意味着什么呢？

来访者（想了想）：意味着我很有控制欲吧，记得高中时有一次晚上起来看电视，看到广告里增高的保健品非要买，父母不肯，我就在他们卧房门前坐了一晚上。大学时谈恋爱，前男友提出分手，我非常愤怒，就一直追到他家里和他吵架。现在也是这种感觉，老公为什么要背叛我，太让人生气了。

咨询师：如果给你生气的情绪打分，0～10分，你会给自己打几分呢？

来访者：应该可以打8～9分，还有很难过，可以打7分。

咨询师：嗯，这么生气难过，你会做些什么呢？

来访者：现在我不相信他，忍不住会翻看他的手机，恨不能翻个底朝天，他要是晚10分钟还不回家，我就要打他手机。

咨询师：老是想翻看他的手机，10分钟不回家就会打他手机，这又意味着什么呢？

来访者(想了想):实际上我没安全感,我不相信他了,总是怀疑他。

咨询师:这样长此以往,会产生什么后果呢?

来访者:他会反感,夫妻之间关系会越来越淡了吧。

咨询师:嗯,听起来你在夫妻沟通中是比较强硬的。

来访者:我朋友也说我没情商,我说话沟通是不是太强硬了?我经常逼着老公看书,他不看我就生气。哎,从小爸爸妈妈也是这样对我的,必须按他们说的做。

咨询师:嗯,你现在的行为和父母有相似的地方。能意识到这一点,挺好的,那你觉得人际沟通中可以做哪些改善呢?

来访者(笑了):可以撒娇,软一点说话,让别人感到舒服,这样别人就会喜欢你,也愿意配合。对孩子教育也应该这样。

咨询师:挺好的。你还可以做些什么呢?比如老公说你身上有味道。

来访者(不好意思):我经常不洗澡不洗头,是不太好,还是要勤快点,要不然他会嫌弃我。

咨询师:你刚开始认为丈夫出轨是他不对,经过深入探讨,你发现自己在婚姻中也有问题,比如不太关心丈夫,控制欲强,沟通方面比较强硬,还不爱收拾自己,现在评估一下你的情绪,你可以打几分呢?

来访者:哎,也不全是他的错,婚姻出现问题,我也有责任,现在感觉没那么生气了,情绪上可以打4～5分。

咨询师:非常好,你会发现换一个角度看问题,情绪也会改变。建议你找一些人际沟通、婚姻经营的书来看,不管这段婚姻走向如何,这是一个自我成长的机会。这张活动监察表也可以填写一下,看看自己的时间花在哪里了,为什么没时间洗头洗澡。

第四次咨询对话：

咨询师：我发现你变自信了。

来访者：是的，我还是有进步的，现在可以直接发表自己的想法了，和父母沟通良好，和丈夫关系也好了很多。

咨询师：可以说说你做了哪些事吗？

来访者：我在认为重要的事情上愿意花钱，比如健身、心理咨询、学习专业知识。

咨询师：是的，你很棒，每次能坚持前来，认真完成作业。你总说自己看重金钱，但你每次都会为咨询付费。

来访者：是的，路上挺远的，要花1个多小时到这里，但是有收获，我觉得值得。和你沟通一下，会好很多，要不然会看不到大局，容易被绕进去，难以行动。

咨询师：像这样以表格的形式列出事情有利的一面和不利的一面，然后结合自己的实际情况做出选择，你会了吗？

来访者：嗯，光在脑子里想没有用。我会学习，努力去尝试。

经10次心理咨询，小璐精神面貌越来越好，化起了精致的妆，眼睛有了神采，脸上有了光泽，她说自己在婚姻中也有问题，比如爱钱胜过爱丈夫，爱慕虚荣，价值观不正。认知调整后她对丈夫的愤怒情绪减少了，认识到靠别人不如靠自己，提升能力才能拥有自己想要的生活。小璐学习情绪表达、婚姻沟通技巧，跟丈夫关系缓和，跟父母能良好沟通，人际交往时不再冷冰冰、情绪化，变得温柔了，有自信了。破镜还能重圆吗？小璐现在无法决定是否要原谅丈夫，也难下定决心离婚，孩子那么可爱，小璐想给他一个完整的家，那就暂时放下吧，先过好自己的生活。不关注，不期待，不指责，不抱怨，关注自我，放下依赖，做更好的自己。

姐姐的烦恼

严冬不肃杀，何以见阳春。冬天就是这样一个季节，表面上冷酷，其实却孕育着希望。妇女心理门诊也是如此，人们带着一颗萧瑟受伤的心灵前来，是为了寻找新的希望。

这天，一位穿着讲究的中年女士来找我，她说经常胸闷心慌，脑子里胡思乱想，吃不香，睡不沉，心情低落，这两年愈发加重了。49 岁的贾女士会不会有围绝经期综合征呢？我给她做了绝经指数测评，21 分，中度，贾女士说去大医院看过，用了些中成药，有好转，但是经常复发，自己很苦恼。

更年期对女性而言是个特殊时期，它连接着青春韶华和即将来临的老年，体能下降，容颜老去，更年期是风雨飘摇还是安稳度过，意味着女性下半辈子的生活质量。贾女士在想些什么，什么事让她如此烦恼？我请她详细谈谈。贾女士谈到了她的弟弟，她非常呵护弟弟，那份爱胜似母爱，无微不至。可弟弟成年以后却不理自己，做事从不考虑姐姐，贾女士很伤心，“怎么可以这样，我真的搞不懂，每天想来想去不明白，老公劝我就当没这个弟弟，可我做不到。”我询问她有没有和弟弟好好谈过，是否了解弟弟的真实想法，贾女士连连摇头，“他忙着自己的生意，从来不主动打电话找我，我也拉不下脸来主动找他，再说生气着呢，也不想和他说话。”我又问她生活中哪些细节可以说明弟弟对自己不好，贾女士立刻提到弟弟很殷勤地给爱人削水果，却对一旁的姐姐视而不见，觉得他怎么那么自私，生意方面也不顾及自己的利益。我说你是不是很恨弟弟,提到“恨”字,贾女士一下子跳起来,“是恨!恨他不理我!不领情!”经过耐心解析,贾女士识别出自己的感情,那是又爱又恨、难以割舍的亲情,我请贾女士接纳自己的感情,而不是排斥和逃避,然后从另一个角度去理解弟弟。我问贾女士,“弟弟对父母孝顺吗?对同事朋友好吗?”贾女士说,“那是很孝顺啦,陪旅游,陪吃美味,想得极其周到,只是对别人都好,独独对姐姐不好”。我说,“看来你的弟弟并非无情无义、不懂感恩的人,为何如此对你,是否需要从自己身上找原因呢?”贾女士陷入沉思,她想到自己对弟弟从小在生活上大包大揽,做生意也是手把手教,而在自己的家庭中,家人的穿衣打扮、一日三餐,甚至儿子的发型都要操心,按自己的标准来。我再次引导她,“弟弟已经成长起来,需要自己的空间,发挥自己的能力,你那么多的爱是否成为束缚?”贾女士连连点头,现在弟弟经营有方,公司发展得很好。我说,“那你应该感到骄傲,把弟弟培养得那么好。”贾女士阴云密布的脸一下子放晴了,“这小子总有一天会明白我对他的好,现在我应该对自己好一点,原来没什么好烦恼的!”

换个角度看问题,贾女士有了新的认知,她开开心心走出了诊室。看着她轻松的背影,我想:其实冬天并不可怕,积雪在太阳下融化,渗进干旱的土地,来年春天饱含水分的土壤会更适宜禾苗生长。相信贾女士那困扰已久的更年期不适会很快缓解,和弟弟如冰的关系也会复苏。

多事之秋也要安然度过

树叶层染，秋风渐紧，秋意渐浓，就好像更年期的来临，对女性而言这是个特殊的时期。

徐女士眼睛虚肿，面容憔悴，疲惫不堪，来到妇女心理门诊，还没说几句话，眼泪就止不住流出来了。原来徐女士绝经已一年，心情低落，最近两个月来觉得活着没意思，吃不下饭，睡不着觉，回到家，蒙着被子号啕大哭，脑子里老是冒出自杀的念头：用怎样的方式结束自己的生命，是跳楼还是跳河？是开煤气还是割腕？

我以尊重、真诚的态度倾听和共情，原来徐女士积累了很多压抑的情绪：结婚前她是个性格开朗的人，但是婚后却变得郁郁寡欢，丈夫对家庭没什么照顾，还脾气暴躁，使得夫妻关系长期不和，两人已分居多年。徐女士唯一的儿子在外地工作，很少回家，也难得打电话。因心情不好，徐女士和以前的朋友也减少了联系，人到中年的她孤孤单单。

由于更年期卵巢功能下降，雌激素水平低落，会导致女性出现情绪波动、抑郁、疑心等症状，而徐女士长期处于孤独无依、自我封闭的状态，症状特别严重。通过我的耐心倾听、解析、引导，徐女士长期压抑的不良情绪得到了释放。通过改变认知、改变生活方式，辅以药物综合治疗，经四次门诊，多次电话随访，三个月后，徐女士回复：精神状态明显好转，已无自杀念头，睡眠改善，胃口变好，还每天坚持锻炼身体，同事都说她像是变了个人。

45 岁的林芳委屈地向咨询师说:“我就像一个没有自我的机器,日复一日、年复一年为家庭付出,但得到的只是冷漠和背叛,丈夫忙着应酬经常不回家。我今年得了糖尿病,身体不好,就想他多陪陪我,可他总说自己忙。前两天,我发烧躺在床上,求他去买点药,他也不肯。”“我知道丈夫有外遇,他提出离婚,但我不肯,害怕孩子们会受到伤害,害怕自己面对这一切,也不想便宜别人……”

“你感觉自己被束缚了,被忽视了,这真的很痛苦。”“你很勇敢,愿意为家庭和孩子做出牺牲,但你也值得被爱和被尊重。”在咨询师的共情和引导下,林芳开始重新审视自己的生活,发现自己除了是一个母亲和妻子,还有更多的身份和可能性。她决定接受丈夫的离婚请求,为自己创造一个新的开始。她不再为了别人的看法而活,而是为了自己真正想要的生活而努力。

自古逢秋悲寂寥,我言秋日胜春朝,更年期的女性如果能够合理饮食,适当锻炼,调整心态,换个角度看问题,会对自我、对人生有豁然开朗的领悟,这是女性“第二青春”智慧之旅的开始。

让爱回家

60多岁的贾女士由女儿陪同前来妇女心理门诊，她说情绪低落了十几年，易激动、心烦、焦躁、浑身乏力。最近她老觉得家里少了东西，控制不住乱发脾气。贾女士去做了全身检查，胃镜、血生化、内分泌、CT、B超、心电图均无明显异常。没有器质性病变，是什么原因让贾女士如此不舒服呢？

我专注倾听、共情，贾女士积压已久的委屈倾泻而出，她的五官皱在一起，像被揉了很多遍的纸团，眼泪、鼻涕跟着情绪一起流淌。列夫·托尔斯泰有句名言："幸福的家庭都是相似的，不幸的家庭各有各的不幸"。30多年的婚姻生活让贾女士充满愤怒，夫妻俩分床睡已有20多年，10年前她冒出杀了老公的念头，当她这样表述时，语句像机枪扫射。老公年轻时出轨，对自己家庭暴力，一幕幕往事让贾女士感到压抑、委屈、愤怒，她被伤得太深了。我问她老公出轨有没有证据，她说亲眼看到老公和别的女人抱在一起，晚上经常不回家，最近发现家里东西会少，而且老头总是凶巴巴地跟自己说话，自己生病了也从来不问。

为了澄清事实，请她女儿一起参与会谈。女儿看上去朴实敦厚，她委屈地说，妈妈希望自己帮着一起抵抗爸爸，但她做不到，爸爸年轻时是做过对不起妈妈的事，但他也在补偿。妈妈没工作，经济上都是由爸爸支出。妈妈生病后所有的检查都是爸爸陪着去，住院也是他出钱。爸爸努力赚钱养家，给了家人良好的生活。妈妈只顾用钱，还老是去外面说爸爸，让他很没面子。是妈妈不想让爸爸过得好，爸爸活得太窝囊了。家里氛围不好，鸡飞狗跳，自己越来越害怕回家，也不敢让父母带孩子，怕受到不良影响。妈妈还不停地打电话给自己，影响到自己的工作，每天都过得提心吊胆。

安静的诊室就像一个容器，承载着两代人的委屈和愤怒。我问贾女士，"听了女儿的话，你感觉怎么样?"贾女士低头不语，也许她意识到活在自己的痛苦里，从没好好倾听过女儿的心声。情绪的波浪掀过后，我启发她，"虽然年轻时丈夫做了对不起你的事，但是他已经悔过，一直在补偿你。"贾女士点点头。我又以轻松的口吻说，"其实呀，你才是家里的老大，一家人都围着你转，不赚钱，还想发脾气就发脾气。老公呢，工作很辛苦，一直养着你，其实你占了大光了。"贾女士听到这话，揉着胸口，长长地舒了口气，皱着的脸一下子舒展开来，嘴角咧开，露出小姑娘一般羞涩的笑容，还带着一丝丝的得意。

治疗以精神分析和认知行为相结合的方式进行。我用精神分析的耳朵去倾听，用潜意识均匀悬浮，注意倾听，在倾听中保持"双声道"、保持警觉，去发现来访者内心隐藏的部分，当贾女士的伤痛被真切地看见，疗愈就开始了。而认知行为治疗是可操作性结构化的一种方法，在医生的启发引导下，贾女士调整了功能失调性自动思维，"读心术""贴标签""灾难化"，这些负性感觉和扭曲的感受，被识别和修正重构，贾女士的抑郁症状得以改善。

家是承载爱的地方，有爱才有家，爱是心灵的驿站，也是精神的乐园。如何让夫妻感情融洽，家庭和睦呢？贾女士需要以包容之心谅解家人，学习一些亲密关系沟通技巧。如何和爱人进行一致性沟通？首先，要处理好自己的情绪，尽量不指责少抱怨，带着感情、感受去与对方沟通，而不是一味地讲道理。其次，尽可能关注到三个方面：关注自我、关注他人和关注情境。夫妻在一致性沟通的时候，是在真实的生命层面相遇，可以真实地表达自己，不会引发对方的防卫性系统，这才是最好、最有效的沟通模式。当贾女士放下心结，学会用心欣赏并赞美伴侣的"人"，如勤快、有责任心、有爱心……夫妻之间的冰山会慢慢化解，爱会重新回归家庭。

与其让焦虑缠身，不如敞开心扉

来势汹汹的新冠肺炎疫情，是重大的公共事件，大众普遍焦虑感滋生，作为一名抗疫心理援助热线的志愿者，我收到多例热线求助电话。“良言一句三冬暖，疫情无情人有情”，让那份无助和焦虑得以化解，我觉得特别有意义（文中人物已经虚拟化）。

50岁的顾女士反映最近半个月来难以入睡，坐立不安，心神不宁，无法控制情绪。顾女士在疫情发生后一直宅在家里，既不发烧也不干咳，儿子儿媳也在家中陪伴，衣食无虞。我温和地询问，怎么回事呢，那么紧张？电话那头，顾女士倾诉自己的种种遭遇，原来她从小父母离异，成家后自己也离异多年，独自拉扯大孩子，个中艰辛，一言难尽。去年顾女士认识了一位男士，温和体贴，让她感受到久违的、春天般的温暖。虽然人到老年，竟也如青春少女一般陷入热恋。男友回老家看望父母，答应年初五回到顾女士身边，但是一场突如其来的疫情，阻拦了男友返程的脚步，顾女士焦急地盼望他回来，又担心男友回不来，心乱如麻，日渐消瘦。我倾听着，共情着，感受到她紧张的情绪伴随语言的流淌得到了宣泄。随后给予引导解析，情绪反应那么强烈，是否一直以来渴望着爱，渴望着父母之爱、夫妻之爱？我教会她深呼吸和放松方法，随着探讨的深入和耐心引导，顾女士想到自己可以找点事情做，比如练习八段锦、去人少的小区公园散步等，转移一下注意力，耐心等待疫情消退，男友归来。我建议她如果自我调节后，急性焦虑发作仍然没有缓解，应及时就医。

陈女士述说的是自己最近特别心慌心烦，她在担心什么呢？作为初三孩子的家长，当看到儿子因疫情无法外出参加辅导课，开启了吃吃睡睡的模式，每天11点才起床，陈女士想到孩子的功课学业、前途命运种种，焦虑的情绪油然而生。于是她天天盯着儿子，各种催促，而处于逆反期的儿子，对于父母的劝解教育不以为然，认为自己已长大，在学校已经努力了，在家的时间应由自己支配，看看小说、休闲一下不是挺好吗？于是家庭冲突不断爆发，家里的瓶瓶罐罐纷纷遭了殃。分别和母子俩进行电话沟通后，我感受到妈妈是焦虑的，而儿子似乎是无动于衷的。我问男生有目标吗？他说有的，想考到班里20名以内。“有目标就好，有行动吗？”我追问，男生哑然。经深入了解，虽然男生心中有目标，但是学习的动力不足，原因是上初中后学业难度加大了，小学时的佼佼者到了初中成了普通学生，他面临的问题有：一是学习的自信心不足；二是学习兴趣不浓，感到单调乏味；三是学习习惯并不好，在学业上找不到以往的成就感，于是采取了逃避行为，整日关在房间里看电子小说。经耐心倾听和澄清，男生反思自己的确在逃避，宅在家里不动，抱怨生活单调，沉迷于电子小说。我给他鼓劲：“嗨，男子汉！全国人民都在为武汉加油，你也给自己加加油，好吗？管好自己！”男生从犹犹豫豫到果断回应：“好的！”他答应我会制定生活计划，合理安排自己的学习、运动和娱乐时间。妈妈在一旁接过电话，她说平时忙于工作，对儿子关心太少，现在宅在家里，对儿子关注又太多，引起了逆反。我鼓励她，重在言传身教，积极乐观向上的妈妈会给孩子良好的影响。另外，养成好习惯不是件容易的事，如果孩子依然是持续懒散被动的状态，待疫情结束，需要进行心理咨询。

小苏反映的情况则是宅在家中两个星期，有一次外出拿快递时突然冒出了复杂的情绪：愤怒、伤心，仿佛斗兽场的野兽，想要攻击他人，但理智又告诉自己不可以，她的手不住地发抖，晚上做噩梦，梦见了大屠杀。小苏很害怕，一位文静的淑女怎么会有这样的想法，破坏的欲望在心里翻腾，是不是不正常了？我耐心倾听共情，了解她的经历和生活方式，原来苏小姐足不出户，每天打打萌系小游戏，看看小说，似乎没有异常之处。我又问她，每天处在封闭的状态，疫情信息不断刺激着，是什么感觉？苏小姐承认自己会忍不住关注死亡病例数量，内心深处紧张、害怕，平时总是要洗手、消毒。我对她进行了心理健康教育，告知抑郁症、焦虑症、强迫症的概念。苏小姐认识到，原来不是自己不正常，紧张的情绪需要被接纳和释放，而不是压抑。我建议她改变久坐不动的生活方式，运动起来，健身操、跳绳、原地跑、瑜伽，各种室内运动都可以，每天让自己出出汗，释放出内心的紧张压抑，而运动也能增加大脑中“快乐因子”多巴胺的释放。

心理危机干预的重点是即刻、就近、简洁简短。我接听的热线电话里，来访者谈得比较多，进行了比较深入的探讨。个人的体会是接听者的耐心、真诚、共情很重要，耐心地倾听，设身处地为对方着想，帮助他换个角度看问题，去寻找身边的资源，才能让干预起到作用，至于采用什么流派，似乎已不那么重要了。

这是一个特殊的春天，宅在家中的我们，静待着春暖花开。

焦虑是条狗，你撵它就走

焦虑是人们对现实压力的反应，从远古时代开始，当感受到外界的危险，当面对恶劣的自然环境，比如野兽的侵袭、自然灾害、他族的侵略……人们会本能的肌肉紧张、心跳加速，让自己处于警觉应激状态，随时准备着进攻或逃跑。适当的焦虑是一种保护机制，可以让我们更好地生存下去。

现代社会，焦虑其实源自人们的欲望或需要，当目标与现实有差距，就产生了焦虑。我们需要接纳这样的观点：人生处处是焦虑；适当的焦虑是前行的动力，有助于实现人生目标。面对上台演讲、重大考试等事件，适当焦虑可以帮助我们提高专注力，但是如果处于持续、过度的焦虑中，无法自我调节，就会影响到我们的健康，血管收缩、肌肉痉挛、心跳加速，焦虑攻击着各个脏器，久而久之出现心血管疾病、胃病、皮肤病，还会出现胸闷气短、睡眠障碍、关节疼痛等躯体症状。病理性焦虑表现为既有焦虑的情绪体验，也有身体症状的表现，程度严重且带来明显痛苦和日常生活的负面影响，且呈持久或反复的趋势，这时就需要及时就医了。

现代社会压力无处不在，升学就业、职业发展、人际关系、婚恋情感……各种问题每天都在碾压着我们。如何减压，让自己放松成为每个人都需要面对的课题。对于男人而言，逃避压力的方式常常是喝酒、抽烟、打游戏；对于女人而言，可能就是买买买，或沉迷于刷手机看抖音。有的人通过出轨寻找刺激来逃避婚姻中出现的问题，有的人通过沉迷工作，变成“工作狂”来逃避亲密关系……这些方式真的能解决问题吗？换来的可能是精神更加空虚、人际关系变差、钱包瘪瘪、身体出现问题……

有压力不可怕，焦虑也不可怕，可怕的是让自己沉浸其中。累了，请及时休息。健康的减压方式是阅读，让自己与智者对话，打开眼界和思路，不再钻牛角尖，不再患得患失。保持清醒的头脑和理智的思考，是远离焦虑的前提；写日记，梳理思路与情绪，保持那一份独立与清醒；与好朋友交谈，宣泄情绪，获得支持；与家人团聚，让亲情滋润心田；旅行，领略自然之美，去看看别人的生活；学习舞蹈绘画，发展自己的兴趣爱好，从韵律和色彩中宣泄情绪，感受艺术的美好。卡耐基说：“人人都应有一种浓厚的兴趣或嗜好，以丰富心灵，为生活添加滋味。”拥有了爱好，再枯燥的日子也能过得妙趣横生。还有就是运动，研究表明，稍微运动就可以改善我们的内分泌，提高多巴胺等“快乐因子”。

这是一个充满危机感的时代，身处时代洪流中的我们，或多或少被焦虑和迷茫包围着。杨绛先生曾经说过：“每个人都会有一段异常艰难的时光，生活的压力，工作的失意，学业的压力，爱的惶惶不可终日。挺过来的，人生就会豁然开朗，挺不过来的，时间也会教你，怎么与它们握手言和。”如果你对一件事感到很焦虑，最好的办法就是立刻去行动，是时候放下手机了，去和更真实、广阔、丰富的世界产生连接吧！

警惕“生活方式病”

有一种病，叫“生活方式病”，是指由于人们衣、食、住、行、娱等日常生活中的不良行为导致躯体或心理的慢性非传染性疾病，在西方被称为文明病或富裕病，正快速地袭击着不曾留心的人们。

31岁的小陈一结婚就想要个孩子，可是眼巴巴地等了一年，肚子也没动静，小陈开始三天两头往医院生殖中心跑，一年下来，检查显示：输卵管通畅、排卵功能正常，丈夫精子质量好，各方面检查都没问题，怎么就是怀不上？眼看闺蜜们接二连三当上“厅长”，小陈越来越焦虑，最近半个月来，整夜睡不着觉，白天昏沉沉，无精打采。因为失眠，她来到妇女心理门诊就诊，我全面了解了小陈的个人成长史、健康史、社会交往、生活工作和近期生活遭遇，了解到小陈以开网店为生，早上10点多起床，早餐并午餐一起吃，每天要到夜里一两点才入睡，天天对着电脑屏幕，久坐不动。多年来，小陈持续着这种生活习惯，并没有觉察有何不妥。我给小陈讲解了不健康生活方式对生殖健康的危害，建议她早睡早起，规律饮食，适当运动。一不开药二不开检查，我只是督促其进行调整，3个月后进行电话随访，电话那头，传来小陈兴奋的声音：“怀了！我怀上了！睡眠也好了，吃饭也香了，感觉真好。”

由于不健康生活方式导致疾病丛生的例子不在少数。60岁的吴女士由女儿陪同来到心理门诊，主诉是半年来情绪低落，吃不下饭，睡不好觉，浑身不舒服。女儿从包里掏出一大堆病历资料。我一看诊断：好嘛，肠功能紊乱、甲状腺结节、乳腺肿块、胆囊炎……从头到脚，浑身的毛病。女儿无奈地表示：母亲年年要到大医院住一次院，年年犯病年年治，自己工作很忙，也只得放下工作，陪伴母亲。虽然家人照顾周到，也积极治疗，可是这两年来，母亲体质却越来越差，近半年来，精神状况也不太好了，一家人跟着着急担忧。我从成长史、健康史，问到生活史、社会交往史方方面面，发现吴女士长期吸烟，居然有 30 年历史了，每天至少 1 包。由于老公勤快体贴，包揽了所有的家务活，吴女士在家闲得没事干，爱上了搓麻将，每天上午搓 2 小时，下午再搓 3 小时，从早到晚基本没有运动。我给吴女士做了抑郁自评量表，为中度抑郁。对于乳腺肿块，我建议转乳腺外科治疗。最重要的是立即戒烟，每天散步运动至少 1 小时，并进行饮食调整。在深入沟通后，吴女士答应戒烟，并提出要主动承担家务。2 个月后我电话随访，吴女士说，乳腺手术诊断为良性肿块。在家人支持下，已经戒了烟，经常外出晒太阳、运动，还积极参加社会活动，现在已经很少搓麻将了，困扰自己已久的失眠问题居然消失了，心情也变开朗了。吴女士表示非常感谢医生，我笑着说，“生活方式病”是由于自己的不良生活方式积累而成的，“生活方式病”最好的医生是自己，只要有改变自己的决心和行动，就能慢慢恢复健康。

多培养一些兴趣爱好

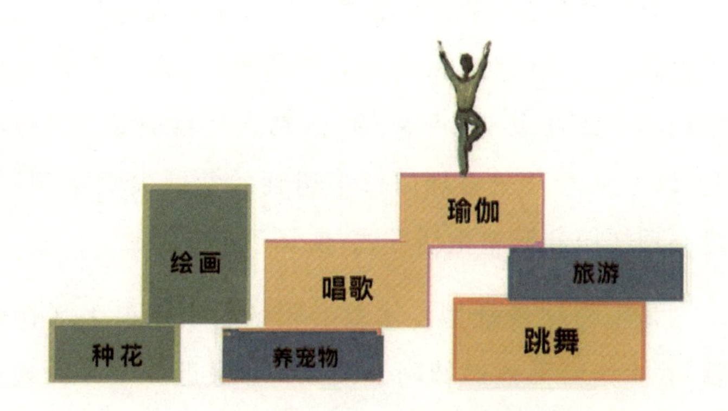

高效睡眠法

睡眠可是件大事，人的一生有三分之一在睡眠中度过。中国睡眠研究会的统计数据显示，2021年超过3亿中国人存在睡眠障碍，成年人失眠发生率高达38.2%。临床上认为，一个人如果超过30分钟仍不能入睡，且整夜觉醒次数多于两次，或出现早醒、睡眠质量下降和总睡眠时间减少（通常少于6个小时），就要考虑可能是失眠问题。持续1个月称为急性失眠，在1个月至6个月之间称亚急性失眠，6个月以上就是慢性失眠了。对于女性而言，良好的睡眠尤其重要。圣地亚哥大学的调查报告指出，睡眠时间短的女性，其肥胖度BMI（体重指数）也较高。长期睡眠质量不佳，会使女性脸上长斑，肤色晦暗，眼圈像熊猫，还会导致免疫力下降，容易感冒，记忆力下降。

可是，随着年龄的增长，生活压力的增大，"婴儿"般的睡眠变得越来越稀罕。失眠在生活中是一个相当普遍的现象，但值得提醒的是：失眠有70%是心理因素引起的，并无器质性病变。但到心理科看失眠的患者却不到患病者的10%。很多人是在尝试了内科、理疗、中医针灸等多种治疗效果不明显后，才想到来看心理医生。这些患者之所以不愿意去心理门诊，一是社会宣传少，人们对心理学科普知识的了解不够；二是忌讳，怕别人怀疑自己是"神经病"。以下是笔者在心理门诊中遇到的女性失眠案例，均通过心理缓压和调整生活方式，恢复了正常睡眠。

一是生物钟紊乱型。才走上职场的小田夜生活比较丰富，晚上经常熬夜追韩剧、去酒吧玩，最近3个月发现自己入睡困难，躺在床上，从数星星到数山羊，越想尽快入睡越是睡不着，白天恍恍惚惚，工作常出差错，小田变得很烦恼。顾女士怀孕后休息在家养胎，白天没事干就在家睡觉，当晚上想入睡的时候却怎么也睡不着，失眠让她担忧宝宝的健康，越来越焦虑。

二是遭遇负性生活事件型。“飞来横祸”是突发意外事故，“祸不单行”是累积的负性生活事件，“鸭梨山大”令人喘不过气来。比如年轻的小孙睡不着是因为最近男朋友突然提出分手，自己对男朋友那么好，可没想到还是被“劈腿”。人到中年的王女士怎么也没想到自己乖巧懂事、聪明可爱的儿子会深夜坠楼身亡，以至于整夜难以入眠。吴女士一个多月来睡不着的原因是老公做生意投资失败，一下子亏了两百多万，而婆婆又突发脑溢血住院了，今后的日子该怎么办？一连串的遭遇让吴女士愁肠百结，吃不下饭，睡不好觉。

第一种情况，需要调整生物钟，养成良好的生活习惯，该睡的时候睡，不该睡的时候就甭睡。《斯坦福高效睡眠法》的研究显示，睡眠质量由睡眠初期的 90 分钟决定。最好坚持每天同一时间入睡，同一时间起床。感到瞌睡时再上床，不在床上进行除睡眠和性生活以外的其他事情，如果躺床上 20 分钟(仅凭感觉估计而非看表计时)不能入睡，则需要起床离开卧室，做些放松活动，直至瞌睡时再上床，并且可以如此反复。对于偶尔的失眠也不要过于紧张，刻意强制自己入睡。你可以试试“矛盾意念”，就是把“我一定要睡好”变成“我一晚不睡能怎么样?”或许你就会悄然入睡。

目前引起失眠的最主要原因还是第二种情况——精神心理因素。当遇到生活中的负性事件，性格敏感、承受能力比较脆弱的女性，往往反应激烈，会长时间“拗不过劲儿”，从而导致睡眠障碍。当自己无法释怀时，可以求助心理医生或心理咨询师，采用认知行为疗法（CBT）、放松疗法和催眠疗法等心理疗法来缓解心理压力。对于气血不足、阴阳失衡的女性，可以采用中医进行“安神定志”调理。严重的失眠也可以采用药物治疗、睡眠卫生知识宣教加上心理治疗。

“云想衣裳花想容”，高质量的睡眠才能使女性修复机体损伤，保持容颜年轻、身材苗条，才能拥有白天的元气满满和踏实的幸福感。

保持生活的节律性

孕产妇篇

睡不着的孕妈妈

孕产期是妇女一生中心理较脆弱的时期，怀孕对于职场女性而言是重大事件，由此产生的孕期睡眠障碍现象也越来越多了。有关研究表明，与男性相比，女性平均失眠次数比男性高出一倍多。女性处于经期、孕期和更年期时，体内雌激素和孕激素水平的变化都对睡眠造成影响，而女性面对压力时的态度和认知，也影响着睡眠质量。长时间睡不着、睡不香的孕妈妈们白天容易疲倦，注意力分散，反应能力下降，记忆力减退，还会产生烦躁、焦虑、易怒和抑郁的情绪，从而影响到胎儿的健康。

早孕期的小兰就处于难以入眠的状态，每天都在担心着胚胎是否能成活。多次流产、多次试管婴儿失败的经历，让她陷入如履薄冰的状态，焦虑、失眠、头脑昏沉沉，无力自拔，严重影响了工作效率。为什么小兰的症状如此严重？为什么孕育新生命的过程如此艰难呢？

压力无处不在，压力源于外界环境，也来自对自我的要求。人们应对压力的方式各有差异，而幼年的经历、成长过程中遇到的问题影响着认知与应对方式。我以理解、尊重、共情的态度，耐心听小兰倾诉，一起进行心理解析。冰冻三尺非一日之寒，小兰目前的状况不是一天形成的。小兰童年时家庭贫困，生活艰难，她特别想要摆脱这种境况，从小学习非常认真上进，高中时进入尖子班，面临巨大压力，有一段时间她对考试产生了恐惧心理。工作后进入外企，也同样面临竞争压力。由于出色的工作表现，小兰深得领导喜爱信任，但是她并没有感觉到快乐，反而陷入害怕失败的恐惧中，工作中总是要反复检查，害怕出错，手常会不自觉地颤抖。长期以来她睡眠不好，胃口差，经常往医院跑，从内科、外科、中医科一直看到妇科。

通过层层解析，我帮小兰看清楚现状：生活与工作的压力一直在积累，而从未有机会释放，藏在潜意识里，随着孕育新生命的人生新课题，以失眠的形式反映出来。并且长期以来在头脑中存在着非此即彼、糟糕至极、夸大事实的不合理信念，因害怕工作出错而精神紧张，因害怕宝宝流产而焦虑，这些不合理的思维模式导致了自己的情绪困扰和睡眠障碍。通过和医生的深入沟通，触及自己长久以来的压抑感，小兰委屈的泪水止不住倾泻而下，她终于痛痛快快地哭了出来。

人生的过程环环相扣，心理的发展欠缺影响了小兰的工作和生活。目前她需要放慢脚步，停下来照顾一下自己的心灵，快乐的妈妈才能孕育健康的宝宝。

【改善孕妈妈睡眠质量的小妙招】

- 创建舒适的睡眠环境；
- 科学地进行孕期运动，如孕期瑜伽或散步，有助于更好地入睡；
- 晚餐少吃辛辣食物；
- 保持每天定时上床睡觉和起床的习惯，避免熬夜和白天过多睡眠；
- 可以尝试深呼吸、冥想、洗温水澡等方式来放松；
- 推荐使用孕妇枕；
- 减少临睡前的液体摄入量，可以减少夜间上厕所的频率；
- 临睡前减少电子屏幕的使用；
- 暗示自己睡不着也没有关系，起床稍稍活动，有睡意时再上床。

如果您尝试了以上方法仍感到睡眠困难，建议您咨询医生，听取专业建议，进行干预。

坐在火山口的孕妈妈

蓉蓉怀孕3个多月了，最近情绪很不稳定，易哭易怒，常发脾气和家人吵架，父母一来看她，她就感到难过。昨天婆婆来照顾她，问她“中午想吃什么？”连问2遍，蓉蓉忽然就不高兴了，“我跟你说过很多遍了，没胃口，不想吃！”蓉蓉把门一摔，回到自己房间。事后她又感到后悔，婆婆是在关心自己，为什么这么生气呢？婆婆挺好的，可是自己却无法和她亲近。我问蓉蓉，“从小和母亲相处还好吗？”一提到母亲，蓉蓉头摇得像拨浪鼓，“妈妈是个女强人，记忆中她都是在忙自己的事业，很少参与到我的生活中来，她一不开心，就喜欢抽烟喝酒骂人。”虽然蓉蓉知道妈妈在外打拼不容易，可是在感情上她依然无法谅解，为什么妈妈在自己成长过程中缺席缺位？自己是那么孤单。在蓉蓉青春期，母女俩就有很多的冲突，妈妈一开口就是指责，蓉蓉很不喜欢这样的妈妈。想到将要成为母亲，蓉蓉担心自己当不好妈妈，她觉得像婆婆这样温柔体贴的女性才是好妈妈。休息在家的蓉蓉每天冒出很多想法，也随之产生各种情绪，她仿佛坐在“火山口”，易燃易爆。经心理评估，蓉蓉的抑郁自评量表63.5分，焦虑自评量表61分，处于中度抑郁和焦虑状态。

20世纪60年代初，医学博士阿伦·T.贝克在心理健康领域发起了一场变革，他设计了一套结构化、短程的、着眼于针对抑郁症的心理治疗方法。该理论认为，产生情绪的不是事件本身，而是对事件的看法、态度和认知，矫正功能不良的认知就可以解决抑郁等情绪问题。在咨询师与来访者建立良好治疗联盟的前提下，进行个案概念化，教会患者识别、评估及应对自己功能不良的想法和信念，聚焦于问题，采用各种技术来促进来访者思维、情绪和行为的改变，对于轻中度的抑郁、焦虑有良好的治疗效果。

我和蓉蓉商定用认知行为疗法，在充分的沟通、情绪宣泄后，她开始记录“功能失调性思维记录表”。蓉蓉写下有一天父母过来一起吃晚饭的情境，她从前一天晚上开始做噩梦，描述自己的情绪是害怕，如果害怕的程度满分是100分，她自评是90分。她头脑里冒出的自动思维是：如果爸爸妈妈不满意怎么办呢？如果他们觉得自己招待不周怎么办呢？她躲在房里偷偷地哭，直到精疲力尽。蓉蓉坚持记录下各种情境。比如：有一天小姑子给婆婆买了一件衬衫，婆婆很喜欢，蓉蓉却情绪低落。她感到自卑，觉得自己很没用，没有能力孝顺婆婆，她叹气、难过、沮丧。还有一天，蓉蓉喊了婆婆一声“妈妈”，婆婆却用疲惫的眼神看了她一眼，蓉蓉感到无比失落，她想，是不是婆婆每天照顾自己太累了，她是不是开始厌烦自己的存在了。她害怕和婆婆相处，担心她不开心。

通过五栏表的记录，蓉蓉的事件、情绪、自动思维、行为、生理反应清晰地呈现出来，我问她支持这些想法的证据是什么？反对这些想法的证据又是什么？有没有别的解释和观点？自己会做些什么？在我的启发引导下，蓉蓉记下冷静下来后自己的理性想法和行为。我表扬她说：“你真棒，记得非常认真、详细、清楚。”蓉蓉笑了，“真的很有用，我发现自己有的想法是片面的，换一种想法和思考，心情也变了。”对于第一个情境，和父母的关系，蓉蓉的理性想法是，我们尽力招待，满不满意是他们个人的想法，我们无法左右；如果我有能力，肯定会付出的，现在没有这个经济能力，只能接受这样的自己。对于和婆婆的相处，蓉蓉的理性想法是,孝顺的方式有很多种。虽然我不能在经济上给婆婆支持,但是我可以用其他方式来表达,比如询问婆婆是否身体不舒服,主动帮忙做事情,不让她太累,少发脾气等,有矛盾应第一时间沟通,不要让情绪积压。

经过四次心理咨询和充分地启发引导后,蓉蓉开始产生新的信念:丈夫工作忙,他没有陪伴在身边,不代表他不在意我,我应该变得独立才行。因为怀孕暂时无法工作,没有经济来源,不能说明自己没有能力,尽自己所能就可以。蓉蓉坚持写情绪日记,进行身体扫描放松,她还积极行动,和婆婆一起分担家务,及时沟通,彼此的关系越来越亲密。她的情绪稳定下来,睡眠良好,心理评估正常。半年后传来好消息,蓉蓉顺利分娩,她说相信自己可以当个好母亲。

寻找失落的母爱

作家林清玄说过，母亲就是活菩萨，如果在母亲身上没有看见菩萨的光辉，那在其他人身上也很难看到了。母亲是爱和温暖的象征，母爱最博大无私，但对于某些人而言并非如此。（以下案例均使用化名）

一个很平常的上午，孙萍来到我的诊室，她头发乱蓬蓬，戴着厚重的黑框眼镜，一身灰扑扑的打扮，看起来衣衫不整，很没精神。她说已经怀孕5个月，近2周来整天躺在床上，胡思乱想，精神兴奋，却浑身乏力，疲惫不堪，胸口发闷、心慌，食欲很差。到各大医院检查，均没查出什么器质性疾病，人却非常难受。这是怎么回事呢？对于医生而言，这样的情况，患者往往面临严重的心理问题。通过摄入性会谈，我了解到孙萍产生心理困扰的原因。

孙萍的父母在她很小的时候就离婚了，她还有个弟弟。一直以来，母亲脾气暴躁，喜怒无常，经常打骂孙萍，但对弟弟却爱护有加，有什么好吃的都给弟弟留着。孙萍对母亲很害怕，为了少挨打骂，她乖乖地做家务、学习，在学校里拿了奖学金，自己舍不得花，全部交给母亲。考上大学后，平时的伙食尽量节俭，穿着也很朴素，同学们都笑她老土，但是孙萍忍受着没有色彩的青春，省下的钱留着给母亲买礼物。工作以后，赚的钱多数交给了母亲，她觉得母亲没工作，弟弟还小，作为姐姐，应该担起家庭的责任。孙萍结婚后，婆家条件并不好，母亲没给孙萍什么陪嫁，只说弟弟还在上学，家里实在没钱。孙萍也没有伤心，这么多年，她已经习惯了付出，只要母亲一张口，她就会掏光自己的口袋，她们都是自己的亲人啊。但是现在结婚了，她偷偷留私房钱给母亲的事，终是瞒不住的，老公很生气，觉得自己收入并不高，日常开支都是自己支付，媳妇却偷偷将钱省下来补贴娘家，这算怎么回事呢？为此，夫妻俩三天两头吵架，结婚七年，吵了七年，一直在闹离婚，老公却也下不了决心。没想到，在准备离婚期间，孙萍怀孕了。离婚似乎不太可能了，但是日子却感觉那么艰难，夫妻还是经常吵架，在母亲那里缺少温暖，而婆婆也多有埋怨，孙萍越来越感觉孤苦无依，情绪低落，做什么事都没兴趣，整日躺床上，懒言少语，脑子里却思绪纷乱，无法诉说的压抑感让她喘不过气来。

通过提问、倾听，我对孙萍进行个案概念化，从而串起了她生命里的珍珠，真相清晰完整地呈现出来了。我跟孙萍一起商定了咨询目标：一是改善抑郁的不良情绪，二是提高人际沟通能力，改善和亲人的关系。主要采用认知行为疗法。

我再次通过提问和自我审查的技术，让孙萍重新审视了自己和母亲的关系，那些被自己忽略掉的经历和感受。孙萍认识到，由于从小在母亲的打骂中度过，没有享受到母爱，长大后母亲又把她当成提款机，在整个成长过程中未体会到亲情、温暖和安全感，而且长期受母亲的胁迫，孙萍以为人和人之间就是一种金钱关系，导致在婚后依然把钱看得很重，有事不和老公商量，偷偷藏私房钱给母亲和弟弟，使夫妻关系不和。母亲以暴力解决问题的方式，也令她自己深受影响，在和老公的相处过程中，语言粗暴直接，以要挟的语气来达到自己的目的，使老公非常不满。在和婆婆的相处过程中，对婆婆的付出视而不见，认为理所应当，缺少尊重与体贴，导致婆婆有怨言。

通过咨询师的深入探讨，孙萍逐渐明白了自己生活一团糟的原因。第二次就诊时自述头脑清楚很多，情绪有所好转。我给她布置了家庭作业：一是每天到附近公园散步，放松心情。二是选择轻松舒缓的音乐听一听。三是写日记，在情绪不好时，通过写日记梳理思路(也可以在日记里骂人发脾气，对别人也没有伤害)。四是在和老公说话前先数“一、二、三”，想一想，再温和地说出自己的想法。由于和咨询师建立了良好的咨询关系，也有改变生活的愿望，回家后孙萍能认真按方案执行。

通过连续多次咨询，孙萍发现以往自己的某些认知是不合理的，在我的鼓励帮助下，她开始以新的思维方式代替旧的思维方式，以新的行为代替旧的行为，在处理和母亲、丈夫、婆婆的关系时，越来越感觉有自信、有能力了，最后一次 SCL－90 评估，各项指标均明显好转，心理干预效果明显。让孙萍意想不到的是，自己居然生了 8 斤重的男宝宝，而且是顺产！望着襁褓中红扑扑的小脸蛋，孙萍第一次感受到了为人母的喜悦。而看到母亲、丈夫和婆婆殷勤地围在自己身边，嘘寒问暖，她也第一次真切地体会到了家庭的温暖和呵护，她暗暗下决心要做个好母亲，让自己的孩子在母爱的滋润下健康成长。

孕妈妈上火为哪般?

酷暑时节,天气闷热,一丝风也没有,稠乎乎的空气好像凝住了。对怕热的孕妈妈来说,夏季是最难熬的,除了身体的种种不适,情绪也特别容易“上火”。

小乔怀孕 6 个月,女人的心总是敏感的,最近她觉得老公常心不在焉,就到他的 QQ 空间浏览一下,发现老公居然还常和前女友聊天互动。小乔一下子气冲脑门,追问老公怎么回事,老公却轻描淡写地说没什么,就是普通朋友聊聊而已。小乔很委屈,自己挺着大肚子,各种辛苦和不方便,老公却与前女友聊得不亦乐乎,对自己很冷淡,小乔跟老公吵起架来,连续几天睡不好觉。

子涵也怀孕 6 个月了,最近发现曾经体贴的老公一回家就扎进书房玩电脑打游戏,一玩就是半天,对自己不闻不问。子涵很着急,怎么老公像变了个人似的,游戏有那么好玩吗?在她的紧紧追问下,老公不耐烦地回她说,和你没共同语言,现在的生活挺没意思的。眼见老公沉迷于虚拟世界,子涵真要气疯了,吃不下饭睡不着觉,直抹眼泪。

妮妮怀孕 5 个月,半个多月来无法入眠,对很多事情不感兴趣,情绪低落。医生询问她和家人的关系,妮妮说没什么,挺好的,整个孕期也没遇到什么麻烦,就是最近翻来覆去睡不着,白天没精神,心里特别烦。医生再仔细询问,妮妮虽然自认为和家人关系不错,但实际上从结婚开始,老公一直在外地打拼,平时很少陪伴,妮妮几乎是一个人生活,因为怀孕懒得出门,已经很少跟外界交往。

炎炎夏日，情绪本就容易“上火”，这几位孕妈妈“上火”的原因主要是准爸爸的缺席缺位。这些孕妈妈们目前产前检查没什么问题，但是情绪低落、易怒。科学研究表明，孕期如果长期处于不良情绪的状态，会导致难产、早产、胎儿先天异常，严重的还会造成婴幼儿认知功能受损。

妻子怀孕，意味着曾经的毛头小伙也将相应“升级”为爸爸。在妻子最脆弱的时候，特别需要爱人的体贴照顾，准爸爸应主动承担些家务，平时尽可能陪伴在爱人身边。比如，一起参加孕妇学校的课程，一起散步，陪爱人聊天，让妻子感受到满满的爱意。而准妈妈也要注意保持整洁美丽，要知道邋里邋遢、不修边幅的形象会让老公有想逃跑的冲动。准妈妈们还要注意学习新知识，避免自我封闭，能够和爱人有话题聊天。夫妻双方应该认识到，情绪本身没有好坏之分，需要学习的是如何觉察和接纳情绪，适当地表达情绪，以合理的方式纾解情绪。好的夫妻关系是彼此滋养，共同成长。

巨石下的小草

一棵嫩绿的小草，
使出浑身解数，
想要呼吸新鲜空气，
沐浴阳光雨露。
可是她发现，
一块黑乎乎的巨石，
重重地压在头顶，
任凭怎么挣扎，
她好像无法突破，
那狭小的空间。
小草累了、倦了，
弱小的她，
怎么能与巨石抗衡呢，
渐渐地，
她变得枯萎发黄，
失去那份朝气。

听到小若的故事，我的脑海中浮现巨石下的小草这样一幅画面。瘦弱的小若有着单纯少女的气质，她看上去情绪低落，无精打采。结婚4年还没孩子，老公生气地说再不生就要离婚，父亲数落说不会生孩子就是没用，公婆也一直催她。小若陷入紧张焦虑中，有幽闭恐惧症病史的她，在做“试管婴儿”胚胎移植前，出现了心慌、呕吐、头痛等症状。家人急着要孩子，希望不吃药缓解症状，尽快进行移植，于是带小若来到心理门诊。

我看小若那么年轻，问她什么原因需要做试管婴儿。小若说，婚后得了急性盆腔炎，母亲认为一结婚就生妇科病，没面子，村里人会说，让忍着。丈夫认为生这样的病难听，也让忍，结果转成慢性盆腔炎，导致输卵管堵塞，只能做试管。那年轻的小若又是怎么得幽闭恐惧症的呢？婚后丈夫频频出差，某天丈夫又出差了，孤单的小若很不开心，在公交车上第一次发作，喘不上气，产生濒死感，下车后好转；第二天上车又是如此……精神病专科医院诊断为幽闭恐惧症，开了药，她老公却因为备孕不准她吃。后来，小若去苏州，到火车站就开始发病，发车后加重，浑身发抖，回程时无法坐火车，只好打车。小若实在受不了想吃药，但老公始终不让。还有一次，小若去动物园玩，看见动物被关着，也产生了自己走不出去的感觉，心慌恐惧浑身发抖，感觉自己快要被闷死了。她苦求老公，想要求医。小若非常难受，常年脸色苍白，整个人瘦了一圈。后来还是母亲心疼她，送她去了医院，吃上了药。吃药一周后小若感觉好多了，两周后听老公的话减药后又立刻发作。小若坚持吃药一年后，她终于敢坐公交了，还随身备有急救药。但小若还是恨自己会得这样的病，总是后悔一些事，如果不去动物园，如果老公不经常出差，就不会发病了。想到马上要胚胎移植，小若仍然感到心慌、头痛，频频呕吐。

年轻的小若为什么自己的事自己无法做主呢？在我的启发引导下，小若回顾成长经历和家庭关系，她说父亲很强势，说话粗暴直接，母亲软弱顺从，自己从小的应对模式就是顺从。父母几乎没有表扬过她，她也从未敢表达过委屈、生气的情绪。因为从小学习差，个子矮小，成年后多次恋爱不成功，觉得自己做什么都不如意。婚后 4 年还没生孩子,父亲数落她不生孩子丢人,让她感到自己没什么用,心情低落。我问她,你有受表扬、被认可的感受和经历吗?小若想想说,嗯,我工作很负责,做活又快又好,领导经常表扬我,同事也喜欢我,那时感到自己还是有价值的。

在共情、尊重、理解的治疗关系中,我对小若进行心理健康教育,解释惊恐发作的原因和表现,通过生活计划表、认知概念图、垂直向下、苏格拉底式提问、腹式呼吸、放松训练、优点卡片、评估吃药的好处坏处等帮助小若。布置的作业小若都能认真完成,记录和评估情绪,矫正功能失调的认知。经多次心理咨询,小若紧张焦虑的情绪放松下来,试管婴儿移植终于成功,但是在孕期小若的焦虑又反复发作,小腹阵痛发紧,住院请精神科会诊,家人仍不让用药。小若感到很痛苦,最后剖宫产一女婴,生产完后家人仍不肯让她用药,后来还是自己偷偷服药。

从认知行为疗法的角度,在家人催生的压力事件下小若对躯体感觉的警觉性增加,情绪紧张、恐惧,出现认知歪曲,感到将要濒死、失控、发疯。以整天睡觉逃避压抑和无力感。小若的中间信念是不生孩子很丢人;家人催生育是为自己好;生病吃药,会影响到孩子;所有的事归罪于自己。核心信念是自己是个没有价值的人,甚至是个坏女人。从精神分析的角度,虽然小若身体成年了,但心理仍然固着在一个未曾分化、共生退缩的早年阶段,以焦虑发作的症状来对抗压抑的环境。

经多次心理咨询,小若有所反思和觉悟,僵化的思维得以松动,能在丈夫、公婆和父母面前表达自己的情绪感受和需求,以偷偷服药的方式来挑战被他人掌控的生活。小若开始反省自己的婚姻,丈夫很少陪自己,以工作忙为理由,自己几次生病、女儿生病都不肯陪送医院。生完孩子由婆婆带，自己也做不了主。丈夫并不爱自己，父母也没有帮自己，只为他们的面子，活得一点也不开心。小若认为婚姻已走到尽头，她觉得必须重新找工作，经济独立，做自立的女性，不能一直软弱依赖下去。她仿佛巨石下的小草，顽强地生长着，也许有一天头顶那块巨石会搬走，小草的生长空间豁然开朗，迎接阳光雨露，尽情地呼吸，尽情地舒展，尽情地装点世界……

你比你认为的自己
更强大

老法“坐月子”捂出抑郁来

中国人特别注重“坐月子”，民间有很多传统的说法、做法和规矩，而这些方法是否科学，是否有利于产后虚弱的妈妈们恢复呢，值得商榷。走进心理门诊的汤女士，身穿带帽子的厚棉袄，头戴毛线帽，一只大口罩遮住了大半张脸，脖子上还围着一条厚厚的毛线围巾，整个人被裹得严严实实。汤女士的烦恼是产后1个月了，人很不舒服，情绪低落，莫名地烦躁，胸口闷，睡不着觉。她已经到产后门诊看了4次，每次检查医生都说恢复得还行，只是有点轻度贫血，用了点药。但是汤女士依然觉得不舒服，常在家里哭，家人急得没办法，也跟着一起哭，不知道该怎么办好，于是找到心理门诊来。

我仔细观察了汤女士的打扮，请她讲讲是怎么“坐月子”的。汤女士说，老家当地非常重视“坐月子”，有各种讲究：家里的长辈要求自己在一个月内不能洗头、洗脸、刷牙、洗澡，不能吹风，免得恢复不好，落下病根子。汤女士很听话，严格按长辈说的去做，从怀孕前的活泼爱交际，变成了从早到晚躺在床上的妈妈，近来她不能自控地从床上起来又躺下，非常烦躁。我给汤女士做了抑郁自评量表和爱丁堡产后抑郁量表，结合评分和表现，诊断为产后抑郁。我发现汤女士虽然大学毕业，但是对如何科学“坐月子”却并不知晓，完全听从长辈的安排。我跟汤女士解释了产后抑郁发生的生物学原因，并分析其社会原因。汤女士认识到，分娩并非生病，而是一个自然的生理过程，由于新陈代谢旺盛，产后妈妈更需要做好个人卫生，可以淋浴、刷牙、洗脸、洗头，只要注意保暖，避免受寒就可以了。产后妈妈还需要适当的运动，帮助更好地恢复盆底功能。而由于传统的观念，产后常处于“关禁闭”的状态。当缺少与外界的沟通交流，也会使人产生情绪低落，烦躁不安。汤女士受到启发，立即摘掉了脖子上紧紧裹着的围巾，表示回家后要学习如何科学“坐月子”，做身心自在、自主的女性。两周后我电话随访，汤女士反映情绪良好，身心自在，已完全康复。

母乳喂养和新手爸爸也有关

杨女士生宝宝两个多月了，经常哭泣，情绪低落，最近奶水越来越少。杨女士哭诉道，“奶水不够，孩子挨饿，两个月来体重没长反而掉磅，我都急死了。”让宝宝正确而频繁地吸吮，保持良好的心情，合理的饮食和充分休息是促进乳汁分泌的要诀。杨女士乳汁分泌不足是什么原因呢？

我通过耐心倾听和会谈发现，令杨女士真正不满的是她和丈夫的关系。她红着眼，委屈地说：“恋爱时那个体贴殷勤的男人在婚后像是变了个人，说话态度生硬，缺乏礼貌，他沉浸在游戏世界里，对我不理不睬。”杨女士说自己从小深受父母宠爱，丈夫这样的态度让她受不了，两人常为生活琐事吵架，互不相让。结婚不到半年，杨女士怀孕，为了让宝宝得到更好的照顾，产后她住回娘家，丈夫却很少打电话，也没上门看一下她。杨女士再也忍受不了，越想越伤心，天天在家哭泣，情绪低落，导致奶水大大减少。我给她做了爱丁堡产后抑郁量表，评分 15 分，抑郁自评量表（SDS）评分是 63 分，诊断为产后抑郁。

我请夫妻俩一起到门诊，以共情和积极关注的态度，启发引导他们：“婚姻和恋爱时的状态是不一样的，双方都是独生子，在家里受父母的宠爱，不太懂得顾及别人的感受，婚后如果还是以自我为中心，会导致矛盾不断。”年轻的丈夫点点头，他说：“男人都要面子，可是她做事常不顾我的面子，让人生气。”我说，“妻子有时做事没顾及你的面子，让你很生气，所以最近你不理她，是吗？”丈夫挠挠头说：“我也不是故意不去看她，每次电话她都怪我。”“看来你们有各自的需求，妻子希望丈夫体贴宽容，丈夫需要被尊重。”夫妻俩点点头。我继续启发他俩：“婚姻关系需要经营，两人都要提高沟通能力，去了解对方的需求，满足对方的心理需要。比如，妻子想要体贴、被呵护的感觉，丈夫就要注意说话时的态度，并且照顾到生活细节。丈夫好面子，妻子就要在处理事情时顾及对方的自尊心。”在医生的指导下，两人努力改善以往的沟通方式，纠正片面的认知。经过连续 5 次咨询，夫妻关系明显改善，杨女士觉得丈夫比以前体贴了很多，抑郁情绪明显好转，奶水逐渐增加，宝宝一个月内长了 2.6 斤，SDS 评分 48 分，达到了预期目标。

对婴儿来说，母乳是最好的食物，也有助于妈妈与宝宝之间产生密切的情感联系，这是人生心理健康的基石。母乳喂养绝不是妈妈一个人的事，它是意义非凡的家庭总动员，需要全家人齐心协力，提供给妈妈均衡营养，温馨舒适的家庭环境。特别是新手爸爸，需要认识到自己人生角色的转变，从行动上、言语上给予妻子更多的支持，给她注入满满的心理能量，使母乳喂养之旅变得轻松和愉悦。

产后抑郁，试试生物反馈治疗

朱女士于3个月前顺产一男婴，家人非常开心，可是朱女士却情绪低落，老想哭，在家不想出门，对什么都不感兴趣。近20天来浑身关节痛，手不能抓握，时好时坏，家人带她多次到骨科就诊，几位医生看了都认为没有骨科方面的问题。这是怎么回事呢？她听从医生的建议来到心理门诊。

我以共情、尊重、积极关注的态度，详细了解朱女士孕产期经过、经历的事件、情绪状态。原来朱女士孕前孕期就有焦虑情绪，产后因宝宝得肺炎、肠绞痛，反复入院治疗，朱女士心情变得更加紧张忧虑，加上照顾孩子也休息不好。某天，朱女士突然感到手指关节僵硬，不能抓握了，且浑身关节痛。为排除免疫风湿疾病，我建议她查一下免疫风湿指标，结果正常。经爱丁堡产后抑郁量表评估，朱女士的评分高达19分，属于产后抑郁了。朱女士很吃惊，“没想到自己也会得产后抑郁症”。我跟她解释产后抑郁的原因、表现和危害，商定采用认知行为联合生物反馈治疗。在治疗师的耐心引导下，朱女士根据反馈信息调节自己的生理信号，令人放松的α波与θ波增加了，使人焦虑的高频β波降低了，肌肉活动、关节明显放松。经连续8次生物反馈治疗，2次心理治疗，40天后，朱女士关节不痛了，情绪低落明显好转，爱丁堡量表评估降至8分，恢复正常，朱女士开开心心去上班了。

陈女士产后6个月，除了情绪低落，她的特殊表现是听到“工作”两字就干呕。陈女士又是怎么回事呢？原来她产后已经上班，工作比较特殊，中午没有休息，一直要忙到晚上 7 点，期间没时间上厕所，连喝口水都困难，高强度的工作让陈女士变得容易哭泣，对什么都不感兴趣，浑身乏力，奶量也越来越少，当她听到、想到“工作”两字就会止不住干呕，感到烦躁痛苦。这样的状况持续了一个多月，陈女士无法自我调节，于是家人带她来到心理门诊。经评估，陈女士的爱丁堡产后抑郁量表高达 20 分。我们商定采用认知行为联合生物反馈治疗，同时休息 1 周。在做完 4 次生物反馈治疗时，陈女士的爱丁堡量表评分降到 11 分。经10 次生物反馈治疗、3 次心理治疗，半个月后，陈女士的爱丁堡量表降至 6 分，恢复正常，提到“工作”两字她不再干呕，感到心烦，同时调整了缺少运动的生活方式，为了更好地照顾宝宝，她还在积极争取调整工作岗位。

孕产期抑郁症是孕产妇妊娠期和产褥期常见的精神障碍之一，可能导致孕妇及其子代的不良结局，尤其是会增加心理健康不良事件的发生。除了情绪低落、兴趣下降、精力下降这三大主要症状，还会出现自主神经功能紊乱的表现，如：头痛、肌肉痉挛、呕吐、消化不良、便秘等。生活中，家人需要仔细观察孕产妇的日常表现，一旦发现抑郁的蛛丝马迹，及时至妇女心理门诊就诊。

当前生物反馈技术已被广泛应用于以情绪障碍为主的多种神经症的治疗，其无创、安全、显效，尤其是个体化等特点很适合孕产期抑郁的干预。对于中重度抑郁焦虑的孕产妇，传统上常采用药物治疗，为了避免药物不良反应、治疗依从性差等问题，医生应用认知行为与生物反馈治疗相结合的方法，发现当与孕产妇建立彼此信任的治疗联盟，积极配合治疗，其负性认知调整快，抑郁焦虑情绪缓解快，且疗效持久。

到底谁是孩子的妈妈？

来到心理门诊的钱女士愁容满面，头发凌乱，产后3个月的她，常感到呼吸不过来，大声说话有要晕倒的感觉，她经常睡不着，心神不宁，对什么都不感兴趣，觉得活着没什么意思。经心理评估，她抑郁自评量表(SDS)高达88.75分，属于重度抑郁。产后抑郁与体内雌孕激素水平下降有关，也与产后角色适应有关。很多妈妈产后抑郁是因为经济状况欠佳、丈夫忽视、缺少养育孩子的技能或婆婆干涉过多导致，而钱女士产后家庭照顾非常周全，她抑郁的原因是什么呢？

我问她孕期的感受，钱女士说看到亲戚同龄人都生宝宝了，一家人也殷切地期盼自己怀孕生娃，她感到了压力。孕晚期被诊断为前置胎盘后就特别小心，宅在家里不出门，每天都担心会不会早产，也常有呼吸不上来的感觉。3个月前钱女士终于平安分娩，按理应该放松心情了，可是钱女士却觉得情绪低落、乏力难受的症状加重了。这是怎么回事呢？我请钱女士详细说说自己的生活状态。产后家人花了3万元让钱女士住月子中心，每天吃吃喝喝睡睡，很舒服，但她却感觉像在坐牢。回到娘家后她的一天是这样度过的：每天早上6点起床吃早饭，然后躺在床上休息，中午11点起床吃午饭，喝鸡汤、鸽子汤等补汤，走几步后继续躺床上，睡到下午2点又开始喝汤，她会在摇篮边看会儿孩子。母亲啥事都不让她干，孩子由月嫂和母亲看着。母亲精心煲了汤，一个劲地督促她喝，钱女士不想喝汤也只能勉强喝完。而老公毫无怨言地接送、做饭，分担家务，特别有耐心，像父亲一样照顾自己，从来不说一句累。这一切让钱女士感到不真实,她越来越难过,觉得自己生完孩子就没用了。钱女士持续低落的状态让家人很担心,最近还带她去找了算命先生。

我请钱女士再说说自己的成长经历。她说妈妈特别能干,什么都做得好好的,她从小被照顾得很好。我问她有独立的经历吗?钱女士说上大学时离开父母,毕业后自己找工作,工作后自个儿租房子,觉得自己还是很能干的。可是现在却觉得没有存在感、价值感,她不想看见自己的母亲,却无法说出口。我共情倾听,启发她:“你很想独立地去面对宝宝,好好带她,但现在听起来好像你的妈妈、月嫂才是孩子的妈妈呢?”钱女士一下子愣住了。

第二次心理咨询,钱女士想到孩子是自己的,应该由自己带,钱女士还发现月嫂过于强势,包括尿不湿的折叠方法、冲奶瓶的刻度、空调的温度,所有的事都得听她的。每做一件事,钱女士都感到自己被评价,好像自己都是错的。她产生了恍惚感:这是谁的家?我是谁?到底谁是宝宝的妈妈?钱女士说:我该怎么办呢?我告诉她:怀孕生孩子不是生病,是人类的本能,产后42天检查都是正常的,现在你想做什么都可以。钱女士说想抱抱孩子,想运动一下,想去买漂亮衣服,想出去玩,我说都“OK”。

我们商定采用心理咨询联合生物反馈治疗。第三次咨询时钱女士说感觉明显好转,在咨询师的启发下,她找到了自己焦虑、抑郁的原因,一下子豁然开朗,感到完全清醒过来:这样的状态是因为怀孕生孩子,丧失了自我,她准备让月嫂走,自己来带孩子,她也要告诉母亲,很多事情自己能搞定。第五次治疗时SDS降至48.85分,钱女士恢复了正常。

从精神分析角度,抑郁是一种指向自己的攻击形式,这是依赖相对自主性的冲突。一方面，钱女士焦虑地依赖理想化客体（母亲），害怕失去这样的客体或害怕与之分离；另一方面，她具有攻击性地反抗这种过度依赖，并希望分离、个体化和自主。而钱女士的妈妈在潜意识层面和女儿竞争对孩子的抚养，她过度照顾女儿和外孙女，使女儿无法真正独立去照顾自己的孩子。月嫂也缺乏边界意识，把自己当成家庭成员，从辅助人员变成了主导者。

从认知行为角度，情绪障碍源于认知的偏颇，合理的认知可以有效化解压力，把它转化为经验与动力，从而使自己变得更为坚强。钱女士和家人并不了解如何科学坐月子，母亲把她当成病人照顾，钱女士也把自己当成脆弱无助的病人。要知道结婚生子是人生真正独立的开始，钱女士得学习怎么照顾好孩子，在点点滴滴的母婴连接过程中，成为真正的母亲。

孕妈妈的职场压力怎么解？

我们通常认为怀孕的女性应该在家中静养，过着放松舒适的日常生活，但这显然是不太符合实际的。为了缓解经济压力，实现独立自主，大多数处于孕期的职场女性会选择坚守工作岗位。一项针对孕期女性心理状态的研究表明，80％的女性在孕期会出现高于非孕期时的心理焦虑和压力，而其中占比最多的正是“职场孕妇”。调查结果显示职场女性处在孕期这一特殊时期中，心理状态更需要关注呵护。

钱女士就是这样一位高龄职场孕妈妈。家里开公司，虽然有家人在打理，但是作为外地新媳妇，钱女士非常希望能在公婆面前证明自己的能力，所以怀孕后她一天也没休息。她负责公司的销售、进出货等工作，每天联系电话不断，经常忙得水也顾不上喝一口，晚上躺倒在床上，依然在考虑公司里的事情，这样一直持续到孕 4 个月。近一个月来，钱女士发现自己晚上翻来覆去，怎么也睡不着，即使睡着了，也睡得不深不香，凌晨三点就醒了。以前感兴趣的事，现在也没兴趣去做了。白天头晕晕的，老打哈欠。记忆力也没以前好了，做事情能拖就拖，钱女士对自己的状态很着急，努力调节却没什么用，她担心长期这样会影响宝宝的健康。我给钱女士做了匹兹堡睡眠质量量表，诊断为失眠。通过和医生的充分沟通，钱女士明白了自己失眠的原因，认识到在人生的不同阶段，关注的重点是不同的，目前的任务是安心养胎，她放下了焦虑不安的思想包袱，将部分工作转交给他人，通过音乐治疗、瑜伽练习、饮食调理，一个月后困扰钱女士的失眠现象完全好了。

孕期女性如果调整好自身的心理状态，适度的职场工作也会给孕妈妈带来一定的好处。比如：能够有一个积极的生活状态，每天有规律地上下班，早睡早起，在工作中条理有序地做事情；每天能和身边的同事相处，拥有交流沟通的对象，而不是一个人待在家长时间刷手机，避免了长期处于无聊、情绪低沉的状态；每天走动锻炼，可以促进胎儿更好地发育，也让自己孕期的身体状态更好。

伤心的时候一起去看看山看看海

二孩妈妈需要更多的安全感

第七次全国人口普查主要数据显示，我国 65 岁及以上人口有 1.9 亿人，占总人口比重达 13.5%。按照联合国和世界卫生组织标准，我国已接近深度老龄化社会。人口结构老龄化是生育率逐渐降低和预期寿命逐渐增加共同作用的结果。在此背景下，2021 年 5 月 31 日，我国明确规定实施一对夫妻可以生育三个子女的政策，以积极应对人口老龄化，优化改善我国人口结构。

那么二孩妈妈们在经历些什么？她们还有意愿或能力生三孩吗？笔者门诊中接到多例二孩妈妈产后抑郁焦虑的案例，来看看妈妈们都遇到哪些困难吧。

34 岁的小嘉生完二宝两个月，她发现自己没有生大宝时精力旺盛了，产后身体虚弱，侧切口疼痛，让自己引以为傲的思维能力也下降了，时常处于恍恍惚惚的状态。好处是自己比生大宝时思想成熟，能全身心地投入照顾孩子，但是她也发现家里就自己操心二宝，老公忙于工作，无暇照顾家庭，而自己因怀孕没了工作，休息在家里与社会脱节，社会角色淡化，一种无力感、无价值感深深地笼罩着小嘉。而且最近她发现大宝喜欢玩手机了，有一天大宝忽然说“妈妈为什么要生小宝宝，他分走了我的爱。”小嘉觉得大宝一下子长大了，她内疚自己陪伴大宝的时间太少。

小瑶生完二宝后反复情绪波动，容易委屈，经常和老公吵架。小瑶其实并不想生二宝，害怕因此会对大宝照顾不周。果然，二宝出生后一会儿湿疹，一会儿黄疸，喂辅食也很麻烦。小瑶因为没时间顾及处于青春期的大宝，感到内疚。在生二宝前，小瑶和老公感情很好，两人时常逛公园、看电影，享受浪漫生活。生二宝后经济压力变大，老公想赚更多的钱，整天忙于工作。小瑶还发现老公经常和女同事联系、倾诉，和自己沟通减少，而自己孕期辞职，事业停滞，老公却在进步，她产生了强烈的不安全感，忍不住和老公吵架，追问他和女同事的关系，时常疑神疑鬼查她老公的手机，看他手机时还出现了恶心呕吐的症状，生气时一激动想要自杀。她老公也觉得很委屈，不断地解释："我也是个人啊，需要释放减压，我只是不想把压力传递给你。"

二孩妈妈的种种困惑该如何排解？产后妈妈处于人生中比较艰难的阶段，除了激素水平的变化会让妈妈们产生抑郁，更多的困扰来自：怎样面对人生角色的变化？怎样处理夫妻、婆媳关系？怎样面对无法工作带来的经济压力？身体虚弱怎么办？怎样带好二宝又不忽略大宝？

常州地区出台了孕产期抑郁症防治工作意见，建立了辖区心理筛查与转诊机制，及时发现孕产妇的心理问题，及时采取干预措施。我院也建立了院内心理评估、转诊和干预机制，以认知行为、精神分析、临床催眠等方法为孕产妇提供心理干预服务，而心理门诊、母乳喂养咨询门诊、产后康复门诊、中医门诊的合作，为二孩妈妈及家庭带来全方位的呵护。

在小瑶的案例中，第二次门诊我邀请他们夫妻同来，通过共情、倾听、引导，去发现积极的资源。夫妻俩坦诚沟通，看到彼此真实的需要，愿意做出调整。丈夫意识到除了想提高家庭收入，更多的是自己对社会地位、名利的期望值太高，忽略了对妻子和大宝的陪伴关爱，导致妻子严重焦虑。此时需要放低要求，也给自己放松减压。我画出孩子成长和父母身份变化的金字塔，让夫妻俩看到在婴儿期、儿童期、青春期各个不同的时期父母的角色是不一样的。目前妈妈像保姆照顾婴儿期的二宝，培养安全的母婴依恋关系；而爸爸应像教练，用积极的人生态度影响青春期的大宝，两人需要分工合作。丈夫的有力支持会减少二孩妈妈的种种顾虑，度过产后这一特殊时期。

当前，生育不再仅仅是个人或家庭的主观选择，而受到经济、教育、工作、医疗等各方面的制约。女性仍承担着职场和家庭的双重压力，生育二孩的过程让女性感到困难重重，那么如何减少职场和家庭里的两性不平等，降低女性的后顾之忧，提高女性的生育意愿呢？除了医疗保健服务、家庭成员的支持，关键还在于三孩政策的相关配套支持是否能够落到实处，比如降低育儿成本，补偿养育孩子的经济成本，给父亲带薪育儿假，提供托儿服务，鼓励妈妈兼职或灵活工作时间等等，才能有效解决家庭生育的痛点，为生育创造一个相对轻松可负担的社会环境。

二孩妈妈焦虑抑郁怎么办？

孕产期是女性生命中发生重大变化的时期，孕产妇心理健康与身体健康同样重要。孕产妇良好的心理健康状况有助于促进婴儿的身心健康，并促进孕产妇自身的身体状况和自然分娩。孕产妇的心理问题不仅直接影响其自身的健康状况，还会增加产科和新生儿并发症的风险，并影响母婴联结、婴幼儿健康等。

当前，国家为积极应对人口老龄化，优化改善我国人口结构，鼓励生育三孩，作为医务工作者，该如何促进二孩妈妈心理健康，为再生育三孩扫清障碍呢？

一、如何促进二孩妈妈心理健康？

1. 开展生育全程心理健康教育

系统的心理健康教育可以促进孕产妇的心理健康，应在生育全程：备孕、孕期、产时、产后为所有孕产妇、其伴侣及其主要家庭成员提供心理健康教育，包括孕产妇的心理特点、常见心理问题及影响因素、抑郁焦虑等症状识别、常用心理保健方法等。建议至少保证一次健康教育宣教有家庭成员陪同参与。

2. 养成良好的生活方式

良好的生活方式有助于促进情绪健康，包括均衡的营养、适度的体育锻炼、充足的睡眠等，孕妈妈应避免宅在家中长时间刷手机，越刷心情越沮丧。

3. 家庭支持很重要

充分的家庭支持不仅对二孩妈妈的情绪健康很重要，更有利于家庭和谐以及儿童的健康成长。在心理门诊进行家庭治疗是常见的治疗方法，鼓励在孕期和产后进行孕产妇、家庭成员和医务人员之间的会谈，共同探讨家庭如何应对孕期及产后常见的问题。丈夫投入为人父的角色中，避免让妻子孤军作战，是对妻子最大的心理支持。

4. 提供心理保健技术

教授二孩妈妈情绪管理、心身减压、冥想等心理保健方法，并提出结构化的心理保健技术，如认知行为治疗，基于正念/静观的孕产妇分娩教育课程等，有助于缓解孕产妇的压力，对孕产妇抑郁、焦虑、分娩恐惧等心理问题有预防效果。

二、影响二孩妈妈心理健康的高危因素

高危因素包括但不限于以下生理和心理社会因素。

1. 生理因素

有不孕症病史、不良孕产史。睡眠差，严重分娩疼痛，妊娠并发症或合并症，胎儿、婴儿畸形或疾病等情况。

2. 心理社会因素

有抑郁、焦虑症病史或其他精神病史以及家族史；儿童期被虐待史或缺乏父母照顾史；性格内向自卑、敏感多疑、多思多虑、焦虑冲动、情绪不稳；社会支持系统不良，如缺乏情感或行为上的支持、缺乏同伴或与同伴关系不良；

存在过去或当前的家庭暴力；存在重大压力，经历了负性生活事件，如离婚、亲人去世、经济困难、失业等；以及吸毒和酗酒等。

三、孕产妇心理健康问题的筛查

孕产妇心理筛查和评估有助于早期识别孕产妇的心理问题，及时干预或转诊。孕期心理健康筛查推荐使用患者健康问卷抑郁量表（PHQ-9），产后心理健康筛查使用爱丁堡产后抑郁量表（EPDS），由经过培训的医务人员指导孕产妇填写。

1. 定期筛查

孕产妇心理健康问题的筛查应该作为常规孕产期保健的组成部分，在每次产前或产后检查中，应询问孕产妇的情绪状况，并了解其心理社会风险因素；产后访视应同时关注母亲心理状况及母婴互动情况。

2. 筛查频率

至少应该在孕早期（12^{+6}周前）、孕中期（13～27^{+6}周）、孕晚期（28周及以后）和产后42天分别进行孕产妇心理健康筛查。孕产期更多次的评估对于产后抑郁发生的预测价值更大。如有临床表现，可在怀孕和产后第一年的任何时间重复评估。电子化筛查工具可以提高筛查效率，并方便孕产妇进行自我评估。

对于具有高危因素的孕产妇，应在备孕和妊娠期间酌情增加心理健康评估的次数。对由于妊娠合并症或并发症入院的患者，住院期间至少完成一次心理健康评估量表的筛查。

3. 常用的筛查量表

(1) 抑郁

孕产期抑郁推荐使用的筛查量表有爱丁堡产后抑郁量表(EPDS),9项患者健康问卷(PHQ-9),抑郁自评量表(SDS)等,孕期PHQ－9量表分值≥5分(或不管总分多少,量表中项目9得分≥2分)、EPDS量表≥9分(或量表中项目10得分≥2分)提示抑郁症可疑高危,需及时转诊至定点转诊医院。

(2) 焦虑

孕产期焦虑推荐使用的筛查量表有7项广泛性焦虑障碍量表(GAD－7)、焦虑自评量表(SAS)等。如果GAD－7评分大于14分,或者SAS评分大于60分,建议关注情绪状态,并进一步进行专业评估,必要时转诊。

四、孕产妇心理健康问题的处理

1. 负性情绪的管理

孕妈妈的自我情绪管理很重要,保持规律生活,均衡饮食,充足睡眠,学习放松技巧,有助于改善情绪状态。可以与家人、朋友或专业人士分享自己的感受,被倾听和被接纳可以有效地减轻心理负担。

2. 适当运动

建议二孩妈妈通过运动调整情绪。研究表明稍作运动就可以改善情绪状况,应鼓励没有运动禁忌证的孕产妇进行适当的体育锻炼,进而调整情绪状态。

3. 家庭支持

加强对孕产妇家人的心理健康教育，提高其支持和陪伴孕产妇的技巧，促进其积极陪伴孕产妇的行为，建立良好的家庭支持系统。

4. 心理咨询与治疗

提供团体或者个体心理干预方法，支持、陪伴孕产妇，缓解压力，改善其心理状况。结构化的心理治疗对轻度至中度抑郁/焦虑效果明显：通过认知行为治疗、人际心理治疗、基于正念/静观的认知疗法、心理动力学治疗等专业的心理治疗技术，帮助孕产妇调整偏倚认知、缓解负性情绪，提升心理能量。重度或有严重自杀倾向的妊娠期抑郁患者可以考虑抗抑郁药治疗结合心理治疗。

5. 远程心理干预

如果二孩妈妈无暇按时前来进行心理咨询治疗，可以通过网络、电话等远程心理咨询和心理支持方式获得帮助，应对负性情绪。

6. 精神心理疾病的处理

处理孕产妇相关精神心理疾病时，权衡治疗和不治疗对母亲和胎儿的风险很重要，应向患者及家属讲明风险与获益。治疗应根据疾病的严重程度、复发的风险、尊重孕妇和家属的意愿来调整。目前妊娠期使用药品的安全性很少得到严格设计的前瞻性研究的验证，可以说尚无定论。

五、心理危机预防与干预

在孕产妇有抑郁情绪或者流露出自杀相关的信号时，要评估其是否有自伤或者自杀的想法和计划、计划实施的可能性、自杀工具的可得性等，综合评估自杀风险。如果评估孕产妇有明确的自杀或者自伤想法时，建议其到精神卫生机构进行专业的评估或者邀请精神科医生进行联合会诊。

做好预防自杀的心理健康教育，使孕产妇和其家人了解自杀的相关知识和可寻求帮助的资源，关注孕产妇的情绪变化和安全状况。尤其在孕产妇表达有强烈自杀想法的时候，要保证身边有人陪伴。一旦孕产妇出现自杀行为，医疗机构能够根据预案，有条不紊地进行危机干预。

高龄孕妈妈心理问题小提示

现代医学提倡女性在35岁以前妊娠，因为高龄妊娠不仅会增加胎儿畸形的危险，同时产科并发症增多，产后不容易恢复，这些不利因素让高龄孕妈妈产生担忧，甚至成为心理负担。那么高龄孕产妇有哪些心理特点？有哪些常见的心理问题和心理疾病？又如何进行识别和干预呢？笔者和大家谈谈这个话题。

一、高龄孕妈妈不同时期的心理特点

1. 孕早期心理特点

孕妈妈会关注身体的反应，变得脆弱敏感，一方面怀孕的喜悦之情难掩，另一方面又担忧会不会流产、经济负担加重等。由于妊娠反应，孕妇会感到虚弱，需要家人的支持和关怀。

2. 孕中期心理特点

由于恶心、呕吐等早孕反应逐渐消失，高龄孕妇进入一个相对比较稳定的时期。有的孕妈妈也会担心胎儿有无畸形，是否有妊娠期疾病。另一方面，当出现胎动，能听到胎心，孕妈妈感受到新生命存在的喜悦，对胎儿的生长发育很感兴趣，主动学习孕产保健知识，为孩子的出生做好准备。

3. 孕晚期心理特点

由于孕妈妈腹部膨大，活动受限，出现尿频、便秘、水肿、腰背酸痛等不适，有的因缺钙出现下肢肌肉痉挛，常于夜间发作，睡眠不安，感到心烦、易怒等。有的还会出现妊娠期高血压、妊娠糖尿病等产科并发症，特别担心身体状况和胎儿安危，期待孕期尽快结束，宝宝降生。

4. 临产心理特点

临产时常感到紧张、焦虑、担心，甚至恐惧，害怕分娩疼痛，害怕出现难产、出血过多等并发症，还会担心宝宝是否有缺陷。听到其他产妇喊叫哭闹，也会影响高龄产妇的情绪。

5. 产后心理特点

高龄产妇产后的心理状态对机体恢复有着重要影响。能顺利分娩，孕妈妈感到完成了神圣使命，心理上刚松了口气，但随之而来的照顾孩子的繁琐任务，给新手爸妈又带来很大的心理压力，尤其是当和长辈的养育方式不一致时，容易产生矛盾。

二、高龄孕妈妈常见情绪障碍与心理问题

高龄女性妊娠后，面临人生角色新变化，夫妻关系、婆媳关系的处理，生活压力性事件等，加上雌、孕激素水平升高，常使高龄孕妇处于应激状态，易出现抑郁、焦虑、强迫等情绪障碍，有的甚至出现以感知、思维、行为障碍为主要表现的妊娠期精神障碍。笔者在心理门诊接到各种孕产期焦虑抑郁案例，孕妈妈常感到孤独、无助，觉得自己没有价值，有的出现易激怒、注意力涣散、难以集中、自我控制力差、无法享受工作和生活的乐趣等各种感受和症状，经医生耐心倾听共情，详细追溯其原生家庭成长经历，很大一部分是曾经的创伤记忆被激活了。

1. 焦虑障碍

焦虑是妊娠期情绪障碍的主要表现之一，孕妈妈常怀疑自己的能力，坐卧不宁、寝食难安、依赖性强、独立性差，身体应激方面表现为行动刻板、睡眠不宁、注意力不集中等。严重者还会出现手抖、出汗、心慌、胸闷、气短、尿频等自主神经症状。焦虑障碍不但让高龄孕妈妈感到痛苦，也对胎儿产生不利的影响。妊娠前 3 个月内，孕妇受惊吓、过分忧虑、情绪紧张，是引起唇腭裂畸形的重要原因。

2. 抑郁障碍

围生期抑郁症(Perinatal Depression)是怀孕女性的三大并发症之一。此前人们一直关注的是产后出现的抑郁症状，但随着医学研究的深入，发现产后的症状在孕期甚至孕前就已产生，因此在 2013 年出版的《美国精神疾病诊断与统计手册》第 5 版中，正式将产后抑郁症的起病时间修订为孕期或产后 4 周，将产后抑郁症更名为围生期抑郁症。主要表现为情绪低落、闷闷不乐、难以开心、容易哭泣，不感兴趣，回避社交，缺乏动力，觉得没有能力或没有希望，缺乏自信，不能适当照顾婴儿，甚至觉得婴儿是一种累赘。睡眠障碍，如入睡困难和(或)早醒、便秘、体重下降、性欲下降、反应迟钝、记忆力下降、注意力难以集中等。病情严重时，可伴有自杀的想法或自杀的行为，有时会产生伤害婴儿或其他家人等扩大性自杀的念头或行为。据统计，50%～75%的产妇于分娩后的第 1 周内会出现轻度的抑郁症状，主要表现为轻度的情绪低落，这种情况一般持续 7～12 天可自行缓解，但是如果情绪低落的症状持续超过 2 周以上，并在 4～6 周变得较为明显时，需警惕是否患有产后抑郁症。一般在高龄产妇中更为常见。

导致产后抑郁症的原因很多,主要有生物因素、社会心理因素和环境因素。

(1) 生物学因素:可包括一些生理性的应激,主要是雌激素和孕激素水平的变化、产后失血、睡眠节律的改变、疲劳、营养摄入不足以及产后原有疾病加重等。

(2) 个性因素:具有内向、敏感、焦虑等人格特征和易感素质等。

(3) 产妇自身、近亲家族中有抑郁障碍的病史。

(4) 产后出现心理社会应激事件:如缺乏伴侣的关怀或家庭的支持、家庭经济困难、母乳喂养困难、婆媳不和等。

3. 强迫障碍

孕妇对自己做过的事有不确定感,如怀疑门窗是否关好,手是否洗干净,有的还会出现强迫性意向,总感到有一种冲动要去做违背自己意愿的事,如走在河边想向河里跳,站在阳台上想向下跳,控制不住在头脑中反复出现。有的出现强迫行为,如反复检查门窗是否关上、确定煤气是否关好、反复洗手等。患者虽然知道这些强迫思维、强迫行为及强迫意向是没有必要的,但难以控制,感到痛苦不堪。

4. 惊恐障碍

惊恐发作也称之为急性焦虑发作,是惊恐障碍的基本表现,有的高龄孕妇在妊娠过程中或产后反复做心电图、胸部X线片以及相关实验室检查均无异常,一般有以下症状:①心跳加快或加重;②多汗;③震颤或发抖;④呼吸急促,有窒息感;⑤胸痛或胸闷等胸部不适;⑥恶心或胃痛,头晕，头重脚轻或晕倒；⑦失控感，害怕会死掉；⑧感觉脱离自己或环境不真实；⑨麻木或针刺感，寒冷或潮热等。惊恐发作的表现类似心脏病、肺病、咽喉炎等。

5. 精神障碍

有些高龄孕产妇在分娩前后会出现感觉、知觉、思维或行为障碍等精神障碍，有的会出现妄想，出现被害、被跟踪、被议论的感觉。

大多数孕妇的家人非常重视给孕妈妈增添营养，以保证母亲、胎儿的健康，但高龄孕产妇更需要的是愉快的心情和稳定的情绪，即“心理营养”，如果高龄孕产妇出现焦虑、抑郁等心理问题，家人应及早识别，及时帮助进行心理调适，如果持续两周无缓解，应及时到心理门诊就诊，如有精神障碍需到精神科就诊治疗。

三、高龄孕妈妈如何进行心理调节

孕育新生命的过程漫长而艰苦，高龄孕妈妈渴望得到丈夫和其他亲人的体贴和关怀，丈夫应放下手机和游戏，专注陪伴其散步、听音乐、闲聊，一起想象宝宝降临的美好情景，尽量减少家庭琐事对孕妇的不良刺激。医院孕妇学校可以组织孕妇学习自然分娩、情绪管理等知识，开展参观产房等体验活动，给予疏导、解释、安慰、理解、支持和关怀，减轻其紧张、疑虑、恐惧心理。

1. 自我调整

高龄孕产妇在产前或产后有紧张、焦虑、恐惧情绪者，可以学习一些自我调整情绪的方法，如合理宣泄、适当运动、转移注意力等。可以试着采取下列方式进行：①与信任的朋友谈心，探讨自己的压力来自何方，是有效的解压方式。②把面临的问题写下来，可以帮助你理清思路，宣泄不良情绪。③把解决问题的方法列成一张表，找出可取代的方式，方便根据情境选择。④做一些有利健康的活动，培养些兴趣爱好，把注意力从对未知的担忧转移到生活乐趣上来，如编织、绘画、唱歌、养花、瑜伽等，千万不要躺在床上，整日闭门不出。⑤通过冥想可以极大地提高自控力，定个5～15分钟的闹钟，找个安静的地方坐下来，闭上眼睛感受自己的呼吸，这时你会发现脑海中发现的事情会打断你的注意力，如果走神了请重新开始，把注意力再次拉回到呼吸上来，如此反复坚持练习，会发现自己的控制力变得越来越强。⑥事情往往都有两个面，试着向好的一面去想，不要只想到坏的一面，学会多个角度看问题。

2. 心理干预

妊娠期、哺乳期妇女或计划怀孕的女性，推荐首选使用心理咨询联合生物反馈治疗。心理疗法的重要之处在于，它是一种识别问题、改变思维模式的方法，从而使我们的整体健康状况得到改善。认知行为治疗以建立治疗联盟为前提，各种技术疗效确切。我院采用认知行为治疗、精神分析法、临床催眠、表达艺术心理技术联合生物反馈治疗，进行个性化心理干预，在来访者的积极配合下，轻中度焦虑抑郁的孕妈妈及产妇取得了良好的治疗效果。

3. 药物治疗

妊娠期间或产后期间的药物治疗一直是有争议的，多数药物对高龄孕产妇及胎儿或婴儿是否有影响或者影响大小不明确，建议经精神科医生评估诊断，衡量药物治疗的利弊，病情严重者需考虑药物治疗。

青少年篇

青春不惑

“青春不是年华，而是心境；青春不是桃面、丹唇、柔膝，而是深沉的意志、恢宏的想象、炽热的感情；青春是生命的深泉在涌流。”这是美国作家塞缪尔·厄尔曼《青春》中的一段话，每每读来，令人心潮澎湃。

然而从心理学角度来看，青春期是人一生中最混乱、最震荡的阶段。心理学家埃里克森认为，青春期的核心发展任务就是建立自我同一性。自我同一性是青少年探寻自己和他人的差别，认识自身，明确自己更适合哪种社会角色的过程。处理好这个阶段的任务，人格发展就会顺利进入下一个人生阶段，如果无法完成这一任务，就会陷入青春期混乱中。

当前由于学业压力、家庭教育等问题导致的青少年心理问题屡见不鲜，严重者甚至会导致自伤、跳楼等恶性事件发生。我常接到青少年因焦虑、抑郁而休学、自伤的案例，也常常要面对手足无措、恨铁不成钢的父母。

2022 年，我接到一个休学个案。疫情形势有所好转，学校开学，15 岁的小涵却不想上学了，父母怎么劝说也没用。近一周来小涵情绪低落，感到压抑苦闷，入睡困难，浑身乏力，没有学习兴趣。为什么一向优秀的小涵突然害怕去上学了呢？我耐心倾听共情，经深入沟通，原来小涵真正担心的是不被老师、同学喜欢。渴望被认可、被喜爱，这是青少年正常的心理需求。以前小涵成绩优秀，得到了老师同学的认可，然而上高中后学业难度加大了，成绩下降意味着爱的失去，小涵形成了这样的思维认知，所以特别焦虑。再进一步了解，原来小涵的父母认为她只要学习认真就好，平时很少给予鼓励表扬。父亲长期在外地工作，父女俩沟通较少。父亲偶尔回家时，小涵经常感到惶惶不安，生怕父亲大手一扬，巴掌就要落到自己头上了。疫情期间一家人宅家不出，父亲经常到女儿房间，批评指责女儿，说她朋友少、不积极、生活懒散，不像自己善于交际。父亲说话的语气、指责的态度深深刺痛了小涵，她觉得委屈压抑，忍不住号啕大哭，怎么也不肯去上学。父亲也觉得委屈，自己严格要求，是为女儿好，怎么就不理解呢。父女俩产生了激烈的冲突。

经评估，小涵的抑郁自评量表（SDS）80 分，属于重度抑郁状态。结合病程和表现，我拟订了治疗方案，考虑到药物的副作用和依从性，决定先进行认知行为为主的心理咨询治疗，结合每天 1 次生物反馈治疗，如期间无好转，立即转给精神专科医生进行抗抑郁药物治疗。我和父亲讲解青春期孩子的心理特点和需求，还详细了解小涵的生活方式、饮食习惯，进行生活指导。

每次治疗时，医生给予耐心引导，倾听共情，发现问题及时沟通。父亲意识到应该给予孩子理解和支持。父爱如山，每位父亲都是深爱女儿的，但是女儿比较胆怯敏感，就不能不分青红皂白加以批评指责。

在第六次治疗时，再次进行评估，原本超标的分数明显下降，SDS 评分低至 45 分，显示正常。巩固治疗还在继续。小涵父亲看到了女儿的积极变化：情绪明显好转，对未来又有了勇气和自信心。他非常高兴，还特地送来了鲜花。

一个月后，小涵主动表示想去上学了。

这里，提醒家长朋友们，青少年时期自我意识飞速发展，自我探索是成长的必经之路，给予青少年尊重理解和选择的权利是满足他们自主需求的关键。“都是为了你好”，“你怎么这么不听话”，这类话语是家长常用的促进子女社会化的方法，但是这种沟通方式常会引发孩子的内疚感，引起孩子的抵触情绪，情绪激动之下容易导致危险行为发生。所以家长学习青春期心理知识，好好跟孩子沟通交流，接纳陪伴孩子，给予成长空间，不唯成绩论，让孩子感受到真正的爱，才能帮助孩子度过人生中这一关键的时期。

这个不想上学的男生怎么了？

那天，一位满面愁容的女士出现在我的诊室门口，她使劲拉着身后一位高个儿男生："进来吧！儿子，快点进来！"男孩很不情愿地挪了一下脚步。显然，瘦小的女士拉不动这么大个儿的小伙子了。女士冲到我的面前，依然拽着男生不放手，着急地说："医生，快帮我儿子看看吧，好好的上了大学，现在却怎么也不肯去上学，可怎么办啊？"我看看低头一声不吭的大男生说："我们这主要是针对女性心理问题进行咨询，你是男生，又是休学问题，这……"见我犹豫，女士放开儿子一把抓住我："无论如何，你要帮我们看看，已经去了好几家医院了，现在还是老样子，我不想孩子就这样下去啊！"说着她的眼泪要流出来了。原来陈女士的儿子小王因竞赛成绩优秀，一年半前被保送上了一所名牌大学，一家人非常高兴，引以为豪。谁知开学才半年，小王却怎么也不肯去上学了，天天待在家里，除了吃饭睡觉就是打游戏。

我想，这真是个棘手的案例，一是已经到处看过了也没好转，二是还没有接诊过这样的案例，一切都是未知。该怎么办?！望着焦虑的陈女士，我想了想说："我非常理解你的心情，为人父母，哪个不希望自己的孩子健康成长，能有好的发展。你别急，让我们一起来想办法，一起来努力吧！"陈女士这才松了口气，和儿子一起安心坐了下来。

就心理咨询而言，医生的从容平和对于焦虑的来访者来说是一剂镇定剂，而建立信任和合作的关系是开展工作的前提。

通过仔细询问病史，我了解到：陈女士已带儿子看过省内几家大医院了，曾被诊断过“人格障碍”“抑郁症”，吃了几个月的抗抑郁药，但是没有什么改善，所以陈女士特别焦急。在详细询问成长史、求学史、重大生活事件过程中，我看出来陈女士爱子心切，抱着解决问题的态度，非常配合，而男生却显得很勉强，那漫不经心、爱理不理的表情仿佛在告诉我：他不想改变什么，天天在家打打游戏挺好的。这时，非常考验医生的耐心，能否以尊重、共情、真诚、积极关注的态度去赢得对方的信任与合作，这决定了咨询能否继续下去。一个小时很快过去了，咨询结束的时候，我问他：“下次能否自己主动过来，不再由妈妈带着？”男生点点头，他能否自己来就诊，我无法确定，毕竟已经消沉了这么久。

在我的暗自疑惑中，第二次咨询时间到了，上午10点40分，男生出现在我的诊室门口。他喃喃地说：“坐公交车，等了好久才这么晚。”我立即给予了肯定。暗想，说明这个孩子内在有改变现状的愿望，并非像表面看上去的那般无所谓。

第二次咨询过程中，我请男生谈谈对父母、学校、同学和自我的看法，以及社会交往的方方面面。我发现，孩子虽然一路学业优秀，保送上了名牌高中、名牌大学，但是在成长过程中，父母的过多关注和事事包办，让他的内在自我没有成长起来。除了学习，其他方面的能力没有得到很好发展，所以上大学后，由于学习难度加大，学业接连受挫，加上和同学间的交往也出现了问题，男生忽然之间手足无措，认为自己与同学之间差距太大，不是学习的料，很失败，人变得越来越郁郁寡欢。

虽然医生能看到事情本质，但是却不能直接告诉他，需要一步步启发引导，让他自己领悟。男生面临的问题是：想学却一点也学不进，对于搞好学习没有自信心。他的目标是：希望能适应大学生活，尽快恢复学习能力，而当前的他认为自己什么也做不好。认知的改变需要时间，而行为却可以先行调整，治疗先从行为激活开始，来验证他所谓的一件事也干不好的认知。同时我又和陈女士深入沟通，请她不要再数落孩子，减少过度关注，给孩子的心灵松松绑。心理咨询半年后，陈女士的儿子鼓起了信心，又回到了大学校园，一点点把落下的功课补上，学习能力也逐渐恢复。

时光飞逝，有一天，我忽然收到陈女士的电话，“周医生，你知道吗，我儿子大学毕业啦，在大城市找到了工作，现在挺好的，谢谢你！”听到如此令人兴奋的消息，我很高兴：“太好了！祝福你们！这是大家一起努力的结果。”在一瞬间，我意识到，每个成功的案例，其实就是咨询师与来访者的心灵共舞，彼此合拍，才能激发出生命的潜能，跳出优美的华尔兹，如果有任何一方不配合，那么这支舞就跳不下去，也无法达到既定的目标。

办法总比困难多

加油高考，让青春不再迷茫

一年一度的高考结束，高中学习生涯告一段落，对于心弦紧绷的家长和考生们而言，终于可以松口气了。这天我收到了来访者真真母亲的电话，告诉我孩子高考顺利，我悬着的心也终于落地了。

两个月前，正上高三的真真由母亲陪同，来到心理门诊。真真是个白白净净、文静可爱的女生。母亲说她乖巧懂事，学习上进，不怎么让大人操心，但是最近一个月来却像变了个人，经常莫名地掉眼泪，吃不下饭，睡不好觉，关在房间里不肯见人，原本住校的她也无心上学。马上就要高考了，同学们都在全力以赴迎接高考，女儿怎么变成这样了，一家人急得团团转。家人们追问真真，但她无论如何也不肯说发生了什么事，只是郁郁寡欢，伤心落泪。于是焦虑的母亲把真真带到我面前。

我和真真单独交流，一开始她保持着沉默，我告诉她会保密，有任何问题都可以告诉我。我说："青少年身心发展和所面临的发展中的矛盾，会出现烦恼、孤独和压抑等消极情绪体验，在心理上的成人感与半成熟现状之间的矛盾，会让她在遭遇挫折时，不肯轻易向成年人求助，这也是一种常见的现象，可以理解。"真真紧闭的心扉渐渐敞开了，她谈到正在经历的一场感情风波。有一位在网上很聊得来的外校男生，他俩经常聊天，相互倾诉，让真真在繁重学业压力下找到了乐趣，觉得动力满满。她和男生约好要考同一所大学，然而因为一次口角，男同学生气了，突然对真真不理不睬，没了音讯。真真觉得两个人吵架都是自己的责任，对此懊悔不已。没有了热乎的聊天，心理上也非常失落，她沉浸在痛苦之中，整日以泪洗面，无心学习。

为什么真真执迷于网络聊天，把未曾见过面的男生当作唯一的精神寄托？为什么虚拟世界中的人一旦消失，真真会面临精神崩塌？我和真真继续交流，寻找真相。原来真真的父母长年在外地做生意，平时只会大把给钱，沟通交流很少，说得最多的话就是嘱咐她要好好学习。当真真平时遇到各种生活、学习上的问题，她想到的是通过网络来寻找安慰，舒缓压力。我和真真进一步交流该怎样处理和异性的关系，什么才是真正的爱情，又讲解了青春期女性生理、心理上的变化。经过一小时的谈话，真真紧蹙的双眉舒展开来，她说应该换个角度看问题，不能再钻牛角尖了，网络上的感情不真实，应该和父母多些沟通。最后，我又跟真真母亲单独谈话，请她多陪伴孩子，关心孩子的心理需求，母亲连连答应，母女俩开开心心走出了诊室。

经过一个小时的心理咨询，真真倾诉了压抑已久的烦恼，解开了心结，她专注地投入学习中，最后顺利参加了高考，给自己的高中生涯画上了圆满的句号。

青少年怎么抑郁了？

当前由于学业压力、家庭教育等问题导致的青少年心理问题屡见不鲜，门诊中常常遇到焦虑抑郁、休学、自伤的青少年，也常会面对手足无措、恨铁不成钢的父母。

案例 1：初中学生小娜，情绪低落，入睡困难一周，疫情结束后学校开学却不想上学，觉得生活没有意义，浑身乏力。平时很少运动。

成长经历：小娜学习很认真，小学学习很优秀，在班里面排到前几。上初中后觉得学业压力很大，负担重，排名较以前落后了，担心自己不被认可。爸爸工作很忙，父女之间缺少沟通。小娜初一开始经常和父亲吵架，有时候爸爸会为小事打女儿，小娜感到生气又害怕，想让爸爸道歉，爸爸却没反应。不想上学的内在原因是害怕学习成绩不好，不被老师同学认可，没人喜欢，同时小娜也渴望父母的认可和表扬。

治疗：心理咨询结合生物反馈治疗。经和医生沟通，爸爸改变了生硬的态度，能够耐心陪伴女儿。小娜开始调整久坐不动的生活方式，每天跳绳，生活变得有规律。经过每周 1 次心理咨询，每天 1 次生物反馈治疗，共 16 次，SDS 从 80 分降到了 45 分。小娜在家里不再发脾气，还帮父母做家务，并且也想上学了。一个月后小娜恢复了上学。

案例 2：高中学生晶晶，近两年感到记忆力明显下降了，学习成绩下降，近两个月来写作业时莫名流眼泪，感到难过，精力下降，没什么兴趣。

成长经历:晶晶从小由爷爷奶奶带,小学一年级才回到父母身边。妈妈常没缘由地发脾气,觉得孩子跟爷爷奶奶亲,不听话,会打晶晶,扯头发,骂人。有一次晶晶忍不住还手了,爸爸还让晶晶向妈妈道歉,她觉得非常压抑。在学校开心,回到家就胆战心惊,害怕妈妈突然发脾气。

治疗:妈妈拒绝了医生关于改善亲子关系的建议,并认为自己性格就这样,改不了。

案例 3:大学生小甜,最近暴饮暴食,一次吃两个10 寸比萨,吃饱了还想吃,回到宿舍以后再催吐。易哭,兴趣下降,已在用药治疗。

成长经历:小甜的爸爸经常出差,不怎么在家,而且比较大男子主义,很少参与家庭活动,易激动,喜欢据理力争,不太能心平气和地与他人沟通,不怎么表达情感。妈妈脾气比较差。小甜小时候,几乎是每天挨打,不肯吃饭就要被打耳光,打碎一个碗,也要挨打。她还三天两头生病。小甜从小学开始住校,在校时和不熟的同学关系好,熟的会渐渐关系破裂。被舍友误会时,她会冷处理,有话憋在心里。成绩一直不太好,比较自卑。

治疗:心理治疗 3 次,治疗后小甜跟妈妈关系好了很多,妈妈也知道关心她了。爸爸没有参与其中,没什么改变。妈妈认为女儿很健康,已无贪食的问题,加上学校功课紧张,没时间,可以不用再进行心理咨询了。

为什么当前青少年厌学、情绪障碍、亲子冲突问题那么多?

因为他们成长过程中基本的心理需要没被满足,孩子的基本需要是“爱”,以上这些案例中的孩子,成长过程中动辄被父母打骂,父母之爱缺席、缺位。和睦的家庭是孩子力量的源泉，生活在和睦家庭里的孩子，每天都在上着最生动的“心理健康”课，他们知道怎么样去处理压力，怎么样去解决冲突，这些都是孩子在家庭生活中观察和学习来的。父母如果能意识到并正视内心焦虑和内疚的真正来源，很可能是自己成长过程中的一些缺失，对自己接受得越多，对孩子的要求也就最接近现实，就不必借助孩子来改变不如意的境况了。

情绪的背后是需求

压抑

Suppressing

是为了获得安全而

拒绝冲突

花季之殇

家是世界上最温暖的地方，因为家里有父亲母亲，父亲是遮阴的大树，母亲是丰沃的土地。寸草春晖，舐犊情深，因为安全之所的庇护，年幼的孩子才得以健康成长。

然而，不是每个孩子都能拥有这份幸运。

性侵事件接二连三，这是女孩子的噩梦。“人类历史上最大规模的屠杀，是房思琪式的强暴”。沉浸在无尽黑暗中的林奕含选择了自杀。最近曝光的总裁父亲性侵“养女”事件，李星星得了重度抑郁症、重度创伤后应激、重度焦虑症……反思灾难的发生，常与亲生父母对孩子性教育及照顾缺失有关。

而更加严重的事件是，亲生父亲对孩子的性侵行为。

小乔走进我的诊室，与其他众多悲伤或焦虑的来访者不同，她的脸像纸一样苍白，眼神空洞，表情淡漠，无喜无悲，好像这个世界与她不相干，这是我从未见过的面孔。小乔的爱人说，结婚两年了，小乔在床上像木头人一样，自己怎么努力都没用。当我独自面对小乔，在保证安全的环境里，小乔缓缓地说出了自己的经历。她并不想恋爱结婚，30岁时父母加快了催婚，一天十几个电话，生拉硬拽，逼着自己结了婚。正当青春年华，为什么抗拒恋爱婚姻呢？小乔缓缓开口，从小学至初中，父亲时常乱摸自己，甚至会当面掏出生殖器，并当面射了出来，小乔吓蒙了。还有一次她发现父亲背着家人看片子。她是多么矛盾，不知道该怎样形容父亲，毕竟他在生活上也照顾着自己。好不容易熬到上大学，某一天，小乔忽然收到父亲的短信，解释说当初是为了小乔好，让她早点接触性知识。小乔冷笑着，长大成熟的她已经明白，当初是父亲为了发泄自己的性欲，他是在为自己开脱。成年后的小乔依然充满矛盾，父母口口声声说养育了她，就要感恩回报，她感到内疚。在情绪宣泄的过程中，她想起来，小时候老是坐在婴儿车里，孤零零地没有人管，妈妈不知去哪儿了，即使在她身边，妈妈也很粗心，不会照顾她。结婚后的小乔虽然知道丈夫对自己很好，但是觉得没什么感情，也没什么兴趣。偶尔会提起父亲的事，丈夫也并不理解。

小乔背负着这个黑暗秘密，以性冷淡的方式来抗拒当年的伤害。俗话说，虎毒尚不食子。某些人的兽行令人发指，父亲不知道自己的行为给小乔带来难以抹去的创伤，母亲也没有意识到自己的疏忽给女儿造成巨大的心理阴影。侵犯者、失职者若无其事地活着，他们逼女儿结婚，催她生孩子。我心情沉重，希望小乔能进行长期心理治疗，但是，她拒绝了，说没时间，也许，那些黑暗时刻她再也不想面对。

经历性侵对青少年而言是灾难性的，除了生理上会造成会阴损伤、妇科炎症，更多的是心灵的创伤，如：羞耻、无助、恐惧、焦虑、自责、内疚等等。复杂的情绪体验交织，造成女性自卑，不信任他人，自我封闭，成年后恐惧与异性建立亲密关系，严重者自伤、自杀。

年幼的女儿对父亲的权威和暴力威胁不敢反抗，出于羞耻感也不敢举报父亲的恶行，那怎样来避免类似的伤害发生呢？

从心理学角度讲，女儿幼年时，父亲要参与其成长经历，多陪伴让亲缘识别机制运转起来，增加父女间的性厌恶感。如果女儿小时候，父女长时间不见面，会破坏原本正常运作的亲缘识别机制。

在孩子 5 岁或更小的时候开始，开展性别和性征的教育，母亲尤其要告诉女孩哪些部位不能让人看或者碰。如果有人做出越轨行为，自己应该立即说不，并及时告诉母亲。性侵实施者往往是熟悉的亲人、朋友，父母要告诉女孩子提高警惕。

作为母亲，有责任保护好自己的女儿，能拥有一位温柔体贴、责任心强的母亲，是女孩一生的福祉。

守护少年的你

最近，17岁的小希由妈妈带到我的诊室，她头发凌乱，一身黑衣，低头不语，看上去被深深的抑郁笼罩着。妈妈焦急地说，最近发现女儿有割手腕的行为、有跳楼的想法，孩子脾气火暴，经常和父母吵架，情绪越来越不好，不知道是怎么了。

诊室里气氛凝重，我了解大概情况后，决定和小希单独谈谈。“没关系，在这里，有任何想法，任何不开心的事都可以说。”我温和地告诉她。小希慢慢打开了话匣子，原来她心情不好已经持续很久了。上初中后，除了深感学业压力很大以外，她跟同学之间也越来越疏远，总觉得同学之间关系复杂，说话是在嘲笑自己，心里很不舒服，觉得还是离远一点好，自己不需要朋友。于是她不参加集体活动，一个人形单影只，回到家也是一个人待在房间里，逃避和父母的交流。

为什么一位正当青春年华的女孩如此阴郁、压抑呢？从心理学上讲，童年的经历深刻地影响着现在的自己。我问小希，小时候发生过什么不开心的事。一句话让小希不禁流下了眼泪，由于父母忙于做生意，小希从小学就开始住校了。五年级调整宿舍，来了一位特别骄蛮的女同学，小希开始了噩梦般的生活：她在宿舍经常会没有缘由地被打，被逼到墙角，被扯头发，然后是拳脚相加，而另两位同学就在旁边冷冷看着。当小希洗澡出来，会发现自己的换洗衣服被拿走了。想上床睡觉，发现床上堆满了擤鼻涕的卫生纸。“她为什么这样对我？”小希的脸痛苦地扭曲着。

“发生这样的事，告诉老师、父母了吗?”虽然揭开伤口是很痛的，但我必须了解真相。“说了，老师也找她们了，有什么用呢？她们反而变本加厉捉弄我。”小希说，“反抗是没用的，不如就忍着。”曾经的校园欺凌事件让她的心灵饱受创伤，变得越来越悲观、孤独，出现了退缩行为，她怀疑同学，怀疑老师，怀疑学校，而父母关爱的缺失更让她一步步滑向抑郁的深渊，长久的压抑又产生了愤怒，她开始攻击父母，出现自杀念头、自残行为。

随后，我请小希的妈妈进来一起探讨，当她得知女儿的经历，感到非常意外和难过。她自责从小对女儿关心太少，夫妻俩各忙各的，不了解女儿的喜好，不了解孩子成长过程中遇到的困难，认为孩子只要吃饱穿暖、安心读书就好了。

人们惊讶于电影《少年的你》中所展现出的“恶”，甚至怀疑校园欺凌本身存在的真实性。“人之初，性本善”，孩子们怎么可能干得出这样的事情呢？实际上，校园欺凌不是个别事件，也不是同学之间的恶作剧。第十三届全国人大常委会第二十二次会议第二次修订《未成年人保护法》，自2021年6月1日起施行。首次对“学生欺凌”进行定义，“学生欺凌”是指发生在学生之间，一方蓄意或者恶意通过肢体、语言及网络等手段实施欺压、侮辱，造成另一方人身伤害、财产损失或者精神损害的行为。小希所经历的正是青少年校园欺凌事件。根据中国应急管理学会中小学校园安全专业委员会在2017年5月发布的《中国校园欺凌调查报告》，中小学生受欺凌的发生率高达25.8%。

近年来，各地深入开展中小学生欺凌行为治理工作，取得了积极成效。但有的地方学生欺凌事件仍时有发生，严重损害学生身心健康，引发社会广泛关注，影响非常恶劣。为持续深入做好中小学生欺凌防治工作，着力建立健全长效机制，日前，教育部印发《防范中小学生欺凌专项治理行动工作方案》，启动开展防范中小学生欺凌专项治理行动。其中有一条提出，要依法依规严肃处置。对实施欺凌的学生，视情节轻重，分别采取批评教育、警示谈话和纪律处分、训诫、转入专门学校等惩戒措施。对遭受欺凌的学生，给予相应的心理辅导。小希如再遇到类似欺凌，实施者将受到严惩而不是被姑息。

在我国日益完善的法律法规保护下，每个祖国的花朵都有机会美丽健康地绽放。愿每个少年的心中，多一份青春的美好，少一份不堪的回忆，愿每一位少年都能被这个世界温柔以待。

画一棵生命树

在心理咨询过程中经常会用到绘画心理分析，寥寥数笔有助于了解来访者深层的动机、情感和性格倾向，揭开人格密码，揭示隐藏的内心世界，那些连本人都不曾察觉的潜意识……那么画什么可以帮助我们了解一个人的人格特征呢？树木。一个人就像一棵树，从种子发芽，幼苗慢慢成长，经历阳光雨露、风吹雨打，长成一棵树，都会留下印记和心痕。在房树人心理测验的世界（HTP），树是个体生命成长的历程的象征。你画怎样的树，就是画出了怎样的自己。

来到心理门诊的大一学生小琪，一身黑色衣服，头发凌乱，胖墩墩的，打扮像男生，裸露出的手腕上有一道道陈旧性割痕。她说情绪低落有 10 多年了，最近一个月来入睡困难。上大学后小琪觉得什么都做不好，压力大，抑郁焦虑，时常有自残想法和自残轻生的行为，割手腕时觉得舒服，不觉得痛。最近要返校了，她感到心烦，无兴趣，不想见老师和同学，逃避社会交往。她经常凌晨四五点才入睡，易醒。感到脖子紧，特别难受。经评估，小琪有自残自杀念头和行为，属于严重焦虑、抑郁。

小琪的人生故事在诊室里展开。她自述从记事开始，没有原因就会被爸爸打，打脚和屁股，还不让哭，爸爸也会打妈妈，让小琪感到压抑紧张。爸爸还多次出轨，当他带着“小三”到家里，显得其乐融融，小琪备感凄凉。小琪初中时参加学校的跑步比赛，出现身体不适，送去医院输液，身体非常虚弱，奄奄一息之际，她恳求妈妈离婚，妈妈才终于答应离婚。爸爸做了那么多对不起家人的事，但是小琪并不恨爸爸，只感到害怕。一直以来，她没有异性朋友，无法跟男性建立亲密关系，以后也不打算恋爱、结婚。令人难过的是，小琪还经历过校园霸凌，初中进入一家私立学校。她经常被同学孤立，比如：故意不收她的作业，倒水在她凳子上。总被嘲笑“动不动就哭”“肥婆，有毛病”。小琪受着各种欺负，妈妈去告诉老师也没用，同学反而说小琪打小报告。初三分班后同学关系开始变好。上高中后认真负责的小琪很受老师喜欢，被认为她有管理能力，当了班长。考上大学后，她又当选团支部书记，小琪还准备考教师证。这时，努力上进的她面对种种压力，开始胡思乱想，负面思维源源不断地冒出来，她开始听不进课，看不进书，耳边不断有声音说：“没用的东西，什么都做不好。”

第二次咨询时，我请小琪的母亲一同前来。为更好地建立治疗关系，更多地了解小琪，我请她在 A4 纸上画一棵树。小琪很快地画出一棵树，在页面的位置偏下，较大，无地平线无树根，树干较粗，有 4 个疤，下、中、上段均有。树冠茂盛，树枝很多，共有 8 根。我跟她解读绘画：树的类型象征生活态度、人格倾向；树冠象征个体对人际关系的互动，精神、智力和目标；树枝象征追求环境的满足、与他人的交际，象征着实现目标的力量、能力、适应性；树干象征生命的活力，成长过程中得到的支持和力量；树皮象征个体与外界或他人接触的部分；树根象征着过去和最初的成长，与安全、现实有关，是本能、无意识和性的领域，而地面线象征安全感。被乌云笼罩着的小琪对树的解读感到非常好奇，我说她的树有 4 个树疤，象征曾经的创伤，但是 8 根树枝充满力量。我启发她是否有很多才能，并不像她所说的什么都做不好。小琪紧锁的眉头一下子展开了，说从小喜欢音乐，学过画画、吉他、舞蹈，唱歌动听，写作也很棒，拿过全国大奖。因为总觉得自己不够完美，所以才非常努力，对自己要求很高。周围的同学认为自己很优秀，但自认为不够好，变得非常敏感，害怕失败，对于很有把握的事也会担心，负性思维多。一个小时咨询后我又和小琪的母亲进行了沟通，母亲表示会多关心陪伴女儿。

我通过仅有的两次心理咨询，让来访者充分地表达自己，积累的焦虑、抑郁的情绪得以宣泄。咨询所采用的技术可以根据自己的受训背景，结合来访者的实际情况进行整合。本案例中通过分析绘画，发现小琪所拥有的天赋和能力，并立即给予启发、引导和鼓励，令来访者打开了思路。

从认知行为疗法（CBT）的角度，个案概念化是每一个系统流派心理治疗的必经之路，CBT 视角下的个案概念化，帮助患者整理与问题相关的资源信息，制定治疗目标和治疗计划。其核心信念是“我是无能的，不可爱的，周围人不可信”。中间信念是“如果我表现不好，就会受到惩罚、批评。我必须努力成为最优秀的人，才能让他们认可我”，“我一定要靠我自己，周围人不值得信任”。补偿策略是过于乖巧听话、迎合他人、回避矛盾。小琪的认知行为模式是学业非常努力，还学习了各种才艺，但依然认为自己无能，做不好事情。

从精神分析的角度，Blatt 提出抑郁可以区分成内摄型抑郁和依赖型抑郁的观点。小琪属于内摄型抑郁患者，其特征是：常感到无法达到自己的期望和标准，因而有强烈的自卑感、罪恶感和无价值感。“我不够好，我有缺陷，我自作自受。”父亲的暴力、青少年时期校园欺凌引发小琪获得成功、成就与害怕成功之间的冲突，以及无法给人留下完美印象的自恋性恐惧，上述冲突导致了羞耻、社交退缩、无安全感和低自尊等心理和行为。

最原始的焦虑持续存在于每个人身上，并且在遭遇创伤、承受压力或身处于大团体时，被引发出来，小琪面临当班干部、考教师证等事件时心理创伤被激发，特别焦虑，担心自己做不好。除药物治疗外，她必须学习容忍焦虑，并把它当作一个有意义的信号。小琪通过短期心理教育与咨询缓解了症状，结合药物治疗效果良好，半年内她恢复了正常，继续求学之路。

最后一根稻草

连日的阴雨令人心情沮丧，晚上又接到老板电话催工作，娟子感到心烦意乱。看到儿子高大的身影在书桌前发呆，她忍不住叫起来："快点写作业吧，成绩快落到倒数了，怎么不知道着急，你以后可怎么办？"儿子低头不语，"呯"一下，书房门关上了，声音重重地砸在娟子心上。娟子更生气了："你这孩子，怎么不听话，我们这么辛苦，还不是为了你，还不抓紧时间学习，怎么这么不省心。""你别说了，我不想听。"儿子低沉的声音传来。娟子想："儿子失恋了，可能心情不好，叹了口气，不想写作业随他去吧，孩子大了也管不了了。"于是她就去打电话了。一个多小时后她看时间不早了，儿子的房间灯还亮着，她还生着气，就自己洗洗先休息了。第二天清晨，娟子起来做早饭，发现儿子的房门缝里透露出灯光。"不对呀，以往他都关灯睡觉，这是怎么回事？"娟子敲敲房门，没有动静，她再使劲敲，还是没声音，不祥的预感冒出来。她叫老公赶紧拿钥匙开门，门开了，床上空空的。娟子浑身发抖，冲到阳台，看到楼下水泥地上，有一团黑乎乎的人影。"儿子！"娟子尖叫着，瘫软在地上。很久很久，娟子也不能接受这个现实：高大帅气的儿子在一个黑夜从楼上一跃而下，没了气息，到清晨才被发现。她后悔、痛苦，她恨自己，为什么没有好好关心一下儿子，为什么一直忙着打电话，没有问问他发生了什么事。如果自己对儿子态度好点，一切就不会发生。娟子开始整夜失眠，大把大把掉头发……

一年以后，娟子想要从痛苦的泥沼里爬出来，主动求助，在医生的启发下，她开始反思。从小儿子是交给外公带的，她和爱人早出晚归，顾不上照顾孩子。他在想些什么，喜欢什么，有什么困难，自己并不清楚，娟子想反正有老人带，不用自己操心。外公非常宠爱外孙，从小不让他出去玩，不让出去交朋友，觉得外面不安全。总是对孩子说，只要你学习好，什么都依你。成绩考好了，想要什么就给什么，他会给孩子买几千元的鞋子，孩子也争气，小学成绩名列前茅。老人喜滋滋，骄傲极了。可是上初中后，学业难度加大，孩子的成绩下降了。他当时喜欢的女生又提出分手，他变得更加沉默寡言，不想写作业，不想去上课。而那个夜晚母子俩的冲突，成了压垮儿子的最后一根稻草……

儿子的心理问题是从什么时候开始的？是从童年父母关爱缺失开始的，是从外公把孩子的价值与成绩捆在一起开始的，是从童年关在家里缺少人际沟通能力开始的。追溯孩子的成长过程，娟子意识到悲伤的种子早就种下了，和父母的沟通渠道没有建立，缺乏引领他塑造人生观、价值观的人，孩子的内心世界一片荒芜，不仅仅是成绩下降，也不仅仅是失恋，他如果不在那一刻出问题，也会因为遇到别的困难而出事，娟子对此悔恨不已。心理健康的基石从建立母婴依恋关系开始，养育的过程费心费力，却是为人父母必须尽的责任。

现代社会各种压力巨大，父母疲于工作，陪伴孩子的时间总是太少。但是即便再忙，也要尽量每天挤出点时间，放下手机，对孩子一次进行高品质、全身心的陪伴。孩子的成长只有一次，错过就真的再也回不来了……

青春期的表现很大程度上归因于孩子体内存在的过剩“荷尔蒙”（激素）。除此之外，荷尔蒙还对大脑产生复杂的影响。当荷尔蒙涌入大脑后，一场看不见的化学反应迅速发生,荷尔蒙使大脑中掌管情绪的地方(杏仁核)特别活跃,因此青少年的情绪起伏都比较大。他们的情绪被荷尔蒙折腾得阴晴不定,整个人会显得冲动、不理性。有些孩子的青春期相对平顺,有些孩子则特别叛逆,可以闹得家中鸡犬不宁、天翻地覆,这样的孩子对父母绝对是巨大的挑战。那么父母该怎样和青春期的孩子相处?

一是认真倾听。青春期孩子的倾诉欲望非常强,他们迫切渴望向别人展现独立的思想和观念。但是往往和父母交流有障碍,和身边的同学朋友交流又担心被"出卖",因此往往将倾诉对象转向虚拟世界的网友。家长要争取做孩子信赖的朋友,这是深入了解孩子想法的机会。

二是认同尊重。自我意识的觉醒使得青春期的孩子迫切渴望被认同。有些家长喜欢跟踪孩子,偷听孩子的电话,翻看孩子的日记,虽然本意是关心孩子,但这种行为却触犯了孩子的隐私权,孩子当然要抗议。他们绝不是父母的私有财产。所以,家长们要像对待独立的大人一样对待自己的孩子。

三是正确引导。引导孩子用积极的情绪代替消极的情绪,让他们尽情抒发自己的情感,想说就说出来,想写就写出来,想哭就哭出来,这样能够缓解心理上的压力。另外,还可以引导孩子通过运动、听音乐、逛街以及聊天等多种方式来缓解心理压力。

四是信任理解。青春期的孩子看似自信、固执,但其实内心很脆弱、敏感,非常害怕受到别人的攻击和指责。家长要注意说话的语调和语气,不要让孩子产生一种"你要伤害我""你在批评指责我"的感觉。

青少年自杀是一个复杂的社会问题，它源于社会、家庭、个人等多种因素的影响。因此，要想有效预防青少年自杀，就必须加强社会环境的建设，改善家庭环境，提高青少年的心理素质，管控社会的不良现象，让青少年在健康的社会和家庭环境中成长，从而避免不良事件发生。

临门一脚

还有一个星期就要中考了，同学们都在积极备考，可是小苏却整夜睡不着，白天昏昏沉沉，面对书本头脑一片空白，浑身乏力，他害怕走进学校，更害怕即将来临的考试。这样的状况可怎么办呢？父亲非常着急，带着小苏来到心理门诊。

我问小苏，“是不是感到压力很大，对中考没信心？”

小苏头低沉地回答，“是的，想上高中，可是感觉自己的水平够不上。”

我耐心地倾听，肯定了小苏的上进心。小苏的数学、物理、化学还可以，语文、英语不太理想，平时成绩在班里属于中等。小苏说感到后悔，平时自己没有百分百地投入学习，做作业时有拖延，会打打游戏，没别的同学那么用功。

“哦，你认识到自己的学习习惯不是很好，学习态度也不是太认真，挺好的，以后可以改正。”我鼓励小苏，“当务之急是怎样迎接考试，有什么方法去迎考呢？”

小苏想了想说，“我的考试习惯也不好，平时学得好的课到考试总是发挥不出水平来。”

“那是怎么回事呢？”

小苏挠挠头，“我经常考完一门就对答案，和同学讨论对错，影响到自己的心情，到下一门考试时会心神不宁。”

“哦，看来你应对考试的习惯需要调整一下了。”

在我的引导下，小苏意识到自己学业上有优势和强项的课程，并没有自己想象的那么糟糕，最主要的是调整好应试心态。

“你是否可以把这次考试当成是对平日里学习成果的检验呢，其他不要想那么多。现在，就相当于临门一脚，我们看看怎么可以做得更好。”

在充分地倾听、共情后，我启发小苏，他表示赞同。对于考试焦虑，我们商定用催眠的方法来帮助他。

“现在，把你的身体调整到最舒服的姿势……请将眼睛闭起来，眼睛一闭起来，你就开始放松了……注意你的感觉，让你的心灵像扫描器一样，慢慢地，从头到脚扫描一遍，你的心灵扫描到哪里，那里就放松下来……现在开始，你会发现你的内心变得很平静，好像你已经进入另外一个奇妙的世界，远离了世俗，你只会听到我的声音，其他外界的杂音都不会干扰你。甚至，如果你听到突然传来的噪声，你不但不会被干扰，反而会进入更深、更舒服的催眠状态……”

在进行渐进式放松导入后，小苏进入恍惚的状态。

“早上 6 点半，闹钟铃声一响，你醒了，伸个懒腰。你慢慢地起床，拉开窗帘，窗外绿树成荫，这是一个清新的早晨，你的头脑也是如此清楚。你刷牙洗脸，收拾干净后，又仔细检查了书包，所有的应考材料都准备好了。你美美地吃完妈妈准备好的早餐，背上书包出门了，一路上小鸟喳喳叫着，好像在说，‘祝你好运，祝你好运。’风是轻柔的，阳光是温暖的，你迈着坚定的步伐走向学校，走进大门，走向考场，你和监考老师打个招呼，‘你好。’老师也对你友好地微笑。你稳稳地坐下来，深深地呼吸，鼻子吸气，嘴巴吐气，让自己放松，当考卷发下来，你先看一遍考卷，有些是自己熟悉的，也有些不太熟悉，你告诉自己没关系，考试铃声响起，你拿起笔，专注地投入考试，只听到‘沙沙’的写字声，非常流畅，你把所学的知识一一在考卷上呈现出来……”

在恍惚地状态下，小苏想象了整个考试经过。当他被唤醒，感到考试不再那么可怕，有信心面对即将来临的考试，我让他这几天把平日的错题再纠正一下。望着小苏抬头挺胸走出诊室的背影，我暗暗为他祝福。

一个月后电话随访，传来小苏父亲喜悦的声音，“孩子发挥出了自己的水平，考上了理想的学校，谢谢医生”。

艾利克森学派临床催眠治疗理论认为，潜意识是存储资源的宝库，通过催眠可以获取这些资源，该理论的核心是合作和利用取向，每个人都是独特的，所拥有的资源和能力远超过他们所意识到的，需要通过来访者的探索性体验去获得，咨询师所做的只是充分支持来访者改变自己的要求，创造适宜的情境来促进来访者的探索。

亦无风雨亦无晴

上初二的晴雨，头发乱蓬蓬的，她感到很疲劳，没胃口，记忆力明显下降。整夜睡不好，常做噩梦。有一天晚上她梦见远处火光一片，一帮人嘴里喊着“杀啊”，举着枪，提着棍向她冲过来，晴雨拼命跑啊跑，“啪嗒——”忽然重重地摔倒了，她一下子惊醒过来，再也无法入睡，心扑通扑通直跳。她还经常胃痛。晴雨跟父母说学习压力太大，担心考不上高中。爸爸却不耐烦地说：“我们又没给你压力，你觉得压力大，那是你自找的。”晴雨听了大哭，和爸爸吵起来。晴雨整天学习，早上五点半起，一直学习到晚上12点，周六还要到学校上课，周日8点开始在外上补习课。没有休息的时间，作业还是做不完。自己这么努力，成绩也只是中等，最近还有所下降，晴雨很着急。可爸爸轻描淡写地说：“如果考不上高中，跟我可没关系，你不能怪家长。”晴雨心里非常难过，去跟妈妈说，妈妈也是不耐烦，白天忙上班，晚上去健身房。别的同学有父母嘘寒问暖，自己的爸妈忙着他们自个儿的事，或者讲些不痛不痒的大道理，他们不理解自己，晴雨感到那么孤单，仿佛一叶漂泊在海上的小舟，任凭风吹雨打。晴雨觉得自己不重要，不被老师、家长喜欢和认可，活着没意思，产生了伤害自己的念头。

高三的佳雨情绪低落有一年了，最近经常和爸爸吵架，一个人哭泣，经常割手腕，觉得这样会舒服一点。佳雨在和父亲相处的过程中感到非常压抑。有一天，爸爸溜到自己的房间翻书包，偷看了自己的平板电脑，佳雨非常生气，告诉爸爸“请不要干涉我的生活。”他却生气地说，“我是你爸爸,这是关心你。”佳雨气呼呼地说:“我小时候需要你的时候你在哪里,为什么我长大了你来管我。”佳雨想到在家里几个月都不见爸爸的影子,从小经常在学校孤零零等家长来接。每到过年爸妈就吵架闹离婚,吵完了闹冷战,几个月不说话。爸爸说话总是“必须”“应该”……有一次,爸爸打了妈妈一个耳光,红手印也打在了佳雨心里。到初中,佳雨开始和男生交往,一起聊聊天,看看电影,他们都很友好,不会控制自己,她享受那种舒服开心放松的感觉,爸爸却生气地砸了她的手机,说女儿是“花痴”。佳雨感到家里的氛围是那么压抑,父母不理解自己,她想早点离开,无心再上学。

我耐心倾听青春少女的经历,共情她们的感受,晴雨说和同学相处挺好的,但是自己处于弱势,总是帮别人做事,有什么想法需求却不敢说。佳雨说和男生相处一开始还好,后来每次都是自己提出分手,其实自己并不喜欢男人,就像讨厌父亲一样的感觉。经评估两位女生都属于重度抑郁状态。

焦虑的父母在“分裂”中,把孩子放在了自己的对立面,这会让孩子感觉到她是糟糕的,被抛弃、被厌恶,而父母是不可靠、不安全的。有的孩子会压抑情感,向内攻击。她们大多由于自身人格虚弱,无力向父母“发起攻击”,或认为父母人格虚弱,自己的攻击会摧毁他们,因而选择将这份强烈的情感压抑在心中,一切都由自己承受,于是晴雨产生了伤害自己的念头。

有的孩子会向外攻击,和父母正面对抗。程度轻一点的,可能与父母爆发激烈的争吵,指责父母的种种过失,大量宣泄自己的情绪,甚至断绝关系;程度重一点的,则可能直接见诸行动,通过“自暴自弃”来惩罚父母。于是佳雨通过不上学，“滥交男朋友”来和父母对抗。当孩子也启动“分裂—投射”的防御机制，企图将责任全部推还给父母，一个家庭悲剧几乎就在这样的“轮回”中成为定局，双方关系持续恶化，由此成为原生家庭无解的“死结”。

幸运的是，晴雨和佳雨在妈妈的陪伴下，来到心理门诊，经过多次心理咨询，父母都认识到问题的严重性，家庭沟通方式有所调整，结合药物和生物反馈治疗，两位女生渐渐走出了抑郁，重新回到学校。

在亲子沟通中，父母不要做高高在上的将军，特别是对青春期的女生而言，她们有着敏感细腻的内心，批评指责、讲大道理不仅让她们感到厌烦，还会激发逆反心理，让孩子朝着父母厌恶的方向狂奔而去。父母应成为一个大大的容器，容纳青春期孩子所有的迷茫和痛苦。

在她失落时，请给予一个温暖的拥抱；

在她失败时，请给予一些安慰和鼓励；

在她委屈时，请给予不离不弃的陪伴……

在轻松愉悦的家庭氛围成长，青少年才能获得自信。父母“捧场”一次，孩子眼里的光就会亮一点。“亦无风雨亦无晴”，父母首先应处理好自己的情绪，才有能力托住孩子的情绪，接纳孩子的感受，才能让她拥有一往无前的信心和勇气。欣赏的眼光、肯定的语言会帮孩子开启成功的大门。

家的重塑

小楠的日子仿佛总是阴霾的。即使是晴天，阳光似乎也无法穿透她那忧郁的眼眸。在15岁这个充满好奇和探索的年纪，她的心却如同受伤的小鸟，畏缩在阴暗的角落里。

家，对于许多人是个温暖的避风港，但对小楠而言，却充满了冲突和痛苦。尤其是妈妈，每次因为一点小事，就会无缘无故地对她发火，甚至动手打她。比如刷牙一定要刷满3分钟，衣服不能有褶皱，在家必须坐端正。那天，妈妈的一记耳光，让她的耳朵嗡嗡作响，之后，妈妈虽然道了歉，但那道伤痕深深地烙在了小楠的心上。

她试图逃避，但父母的争吵和连绵的责骂像是无法摆脱的噩梦，时常回荡在她的耳边。特别是，有一次爸爸因为她的成绩下降狠狠地打了她。深夜，心灵深处的冰冷与寂寞驱使着她，小楠拿起了刀片，希望用那冰冷的刀片缓解内心的痛苦，她白皙的手臂上留下了六道浅浅的血痕。

幸运的是，她的尝试被父母及时发现，带她来到心理门诊，我倾听了小楠的故事，建议采用家庭治疗的方法。

家庭治疗的过程并不轻松。小楠的父母从开始的回避问题到后来的积极参与，在引导下，他们开始重新审视自己的行为和方式，妈妈意识到自己以前的行为深深地伤害了小楠，而爸爸也认识到自己对于小楠的过高期望带来的压力。随着时间的推移，小楠的家庭开始有了明显的变化，父母不再频繁争吵，学会了有效沟通，学会了如何相互关心和支持，家里的气氛变得和谐起来。小楠也逐渐从阴影中走出，她的情绪慢慢好转，重新回到了学校。

心理学的解析是，小楠的父母比较情绪化，会被一些鸡毛蒜皮的小事触发强烈的情绪反应。这种情绪化里，主要有两种——焦虑和恐惧。沉浸其中的父母难以看见并照顾孩子的情绪，也会表现得较为控制，有着僵化的标准，比如为生活琐事打骂孩子。父母将自己无法处理的情绪投射给孩子，导致青少年种种问题发生，例如生病、躯体化、自伤自残等。

一个“生病”的孩子背后，往往有一个内耗式的家庭。孩子用自残的行为来告诉你，这个家庭生病了，它需要修复，需要帮助，需要治愈。因为这个家没有真正的情感连接，孩子没有安全感，家人之间没有被充分地理解和尊重，找不到各自存在的价值。

不管是父母，还是孩子，每个家庭成员，都会面对来自现实的压力、激烈的社会竞争、教育的内卷……所以比起批判和对立，我们更需要的是好好沟通，彼此理解和改变。

附　录

浅谈心理咨询和治疗技术

心理咨询和治疗领域有多种多样的技术和方法，它们可应用于不同的问题、疾病或症状。以下是一些常用的心理咨询治疗技术：

1. 认知行为疗法（Cognitive Behavioral Therapy, CBT）：CBT 是一种短期、目标导向的治疗方法，专注于识别和改变不良的思维、行为和情感模式。

2. 人际关系治疗（Interpersonal Therapy, IPT）：IPT 专注于改善患者的人际关系技巧和社交模式，常用于治疗抑郁症。

3. 动力性心理治疗或精神分析治疗：专注于探索患者的无意识模式，尤其是早期的童年经验。

4. 解决焦点短期治疗（Solution — Focused Brief Therapy）：这种方法关注解决现实中的问题，而不是深入探讨根本原因。

5. 系统疗法或家庭治疗：这种治疗方法重视家庭和群体中的动态，以及其对个体行为的影响，改变家庭成员间不良的互动模式，从根本上解决个人心理问题。

6. 行为疗法：专注于识别和改变不良行为，通过学习、训练形成新的适宜的行为反应。

7. 以人为中心疗法：如罗杰斯的客体关系疗法，专注于患者的自我意识和个体潜力。

8. 正念疗法（如正念认知疗法）：重点关注当下的经

验，培养对自己情感和思维的非判断性意识。

9. 艺术治疗和音乐治疗：使用艺术或音乐作为治疗工具，帮助患者表达和探索自己的情感。

10. 生物反馈和神经生物反馈：使用电子监控来教患者如何识别和控制身体功能。

11. 暴露疗法：常用于治疗焦虑障碍，通过将患者置于他们害怕的情境中，帮助他们学会应对和减轻焦虑。

12. EMDR（眼动脱敏与再加工）：特别用于处理创伤后应激障碍（PTSD）。

13. 认知重塑或认知重组：帮助患者识别和挑战自己的负面思维模式。

这些技术会根据来访者的特定需求进行调整或结合使用，最重要的是建立良好的治疗联盟。以下是文章中用到的心理干预技术简介。

一、认知行为疗法（CBT）

认知行为疗法是一种心理治疗方法，主要用于治疗焦虑、抑郁和其他情感障碍。它基于这样一个核心概念：我们的思维（认知）影响我们的情感和行为。

以下是认知行为治疗的基本要点：

1. 思维、情感和行为的关系：CBT 强调认知、情感和行为之间的关系。不适当的或消极的思维模式可能导致消极的情感反应和不良的行为。

2. 目标导向：CBT 是一个目标导向的治疗方法。这意味着治疗的目标和策略在开始时就明确设定，并经常进行评估。

3. 结构化:CBT 通常是高度结构化的,每个治疗阶段和会谈都有明确的目标。

4. 教育为基础:CBT 通常涉及对来访者进行心理健康教育,帮助他们理解和识别自己的消极思维模式。

5. 主动参与:来访者在治疗过程中需要积极参与,包括完成课后作业,实践新学到的策略等。

6. 技能培训:CBT 会教授来访者一系列技能,如放松技巧、问题解决技巧和应对策略,以应对和管理他们的症状。

7. 短期性:与其他某些治疗形式不同,CBT 通常被认为是短期治疗。根据个体的需求,治疗可能会持续几个星期到几个月。

8. 挑战消极认知:CBT 中的一个核心组件是帮助来访者识别、质疑和改变他们的消极或扭曲的思维。

9. 行为实验:CBT 还可能涉及行为实验或“暴露”治疗,来访者会被鼓励面对和处理他们通常会避免的情境。

认知行为治疗的效果已得到广泛研究,并被证明在许多情况下都是有效的。尽管 CBT 是一种治疗多种心理健康问题的方法,但它可能不适合所有人或所有情况。在考虑何种心理咨询治疗方法时,建议咨询专业人士。

二、精神分析疗法

精神分析疗法起源于西格蒙德・弗洛伊德的理论和实践,它着重于探索患者的无意识过程。精神分析的主要目的是揭示隐藏在来访者无意识中的冲突,这些冲突可能导致其症状和问题行为。

以下是精神分析疗法的主要特点：

1. 无意识冲突：精神分析认为人们的许多心理症状都源于童年时期未解决的冲突。这些冲突被压抑到无意识中，但会在日常生活中的行为、梦境和症状中显现出来。

2. 自由联想：这是精神分析中的一个核心技术。来访者被鼓励说出他们头脑中出现的任何思考，无论多么无关紧要或似乎无意义。通过这种方法，分析师可以追踪到可能隐藏在无意识中的模式或冲突。

3. 梦的解析：弗洛伊德认为梦是通往无意识的“康庄大道”。在疗程中，分析师会让患者描述和解释他们的梦境，帮助他们发现隐藏的意义和冲突。

4. 移情和反移情：移情是指患者对分析师产生的强烈情感反应，这些反应往往与他们过去的关系模式有关。反移情是分析师对患者的情感反应。识别和探讨这些情感可以帮助揭示关于患者的重要信息。

5. 防御机制：这些是心理策略，人们用它们来处理或避免焦虑产生的情感。识别和了解这些机制可以帮助患者更好地理解自己的行为和情感。

6. 长期治疗：与其他心理治疗方法相比，精神分析通常需要较长的时间，可能持续数年。治疗通常每周进行多次，每次会话持续约 50 分钟。

7. 深入的自我探索：精神分析疗法重视深入、全面地探索个体的内心世界。

精神分析疗法在 20 世纪初期非常受欢迎，并为许多其他心理治疗方法提供了基础，一百多年来，精神分析在广度和深度上不断发展，现在我们将弗洛伊德与其后的现代精神分析取向的各种疗法，统称为心理动力学治疗。

三、催眠疗法

催眠疗法，是一种通过使用深度放松和集中注意力来达到一种改变的意识状态（即“催眠状态”）来治疗心理或生理疾病的心理治疗方法。在这种催眠状态下，人们更容易受到建议的影响，这有助于他们改变不良的习惯或处理情感上的问题。

以下是临床催眠疗法的一些关键要点：

1. 催眠状态：这是一种既像清醒又像入睡的状态，个体在此状态下更容易接受外部建议。然而，即使在催眠状态下，个体仍然保持对自己行为的控制，不会做违背自己价值观和道德观的事情。

2. 治疗目标：催眠可以用于多种临床目的，包括缓解疼痛、治疗焦虑和抑郁、性功能障碍、帮助戒烟或减重、处理创伤后应激障碍等。

3. 建议的力量：在催眠状态下，因为批判性思考能力的减弱，个体更容易接受治疗师的积极建议，从而更有效地改变行为、习惯或情感。

4. 回忆和处理：催眠有时被用作一种手段，帮助个体回忆并处理过去的创伤经历。但值得注意的是，关于通过催眠引发的记忆的可靠性存在争议，因为催眠可能导致记忆被错误地构建或夸大。

5. 自我催眠：治疗师会教来访者自我催眠的技巧，以便他们在日常生活中练习和加强治疗中学到的策略。

6. 安全性:对于大多数人来说,催眠是安全的。然而,对于有严重心理健康问题或某些心理疾病的人,如精神分裂症,催眠可能不适合。

7. 需要专业培训:临床催眠疗法需要专业的培训和技能。

总的来说,临床催眠疗法是经济而行之有效的心理疗法,可独立使用,也可与其他心理疗法联合使用。催眠治疗的成功在很大程度上取决于治疗师的技能和患者的催眠感受程度。

四、表达艺术疗法

表达艺术疗法(Expressive Arts Therapy)是一种利用艺术的形式(如绘画、雕塑、音乐、舞蹈、戏剧等)来促进心理健康、情感表达和自我意识的治疗方法。它基于这样一个理念:艺术创作和表达过程可以帮助人们理解、表达和解决他们的情感问题。

以下是表达艺术疗法的一些关键要点:

1. 多样性:表达艺术疗法不仅限于一个艺术形式。治疗师可以结合使用绘画、舞蹈、音乐、戏剧、写作等多种方法,根据来访者的需要和兴趣来设计治疗计划。

2. 过程为中心:这种治疗方法强调的是艺术创作的过程,而不是最终的成果。这意味着无论个体的艺术技能如何,都可以从中受益。

3. 情感表达:艺术为个体提供了一个安全、无判断的空间,使其可以自由地表达情感,包括那些难以用言语表达的情感。

4. 自我认知增强:通过艺术创作,来访者可以更好地了解自己的感受、想法和行为模式,并在此过程中发现和增强自己的内在资源。

5. 情感释放:艺术创作可以作为一种释放情感的手段,特别是对于那些经历了创伤或有压抑情感的人来说。

6. 社交和沟通技能:在小组环境中,艺术疗法可以帮助提高社交和沟通技能,促进人们之间的互动和联系。

7. 适用人群:表达艺术疗法可以适用于各个年龄段和背景的人群,包括儿童、青少年、成人和老年人。它可以用于治疗多种心理健康问题,如焦虑、抑郁、创伤后应激障碍、吸毒问题等。

8. 专业资质:从事表达艺术疗法的治疗师通常需要接受专业的培训和认证。他们不仅需要了解艺术技能,还需要对心理治疗的原理和实践有深入的了解。

总的来说,表达艺术疗法是一种能够帮助个体通过艺术创作来处理和表达情感的心理治疗方法,它重视艺术创作过程中的自我探索和情感释放。

五、以人为中心疗法

以人为中心疗法(也称为客体关系疗法或罗杰斯治疗)是由卡尔·罗杰斯在20世纪40年代和50年代提出的心理治疗方法。其核心观点是每个人都有自我实现的潜力,即每个人都有成为最好的自己发展的内在驱动力。

以下是以人为中心疗法的主要特点和概念:

1. 非指令性:不提供直接的建议或指导,而是为个体提供一个支持的环境,帮助他们自行探索和发现。

2. 真实性、共情和无条件的积极关注：罗杰斯认为，为了促进个体的成长和自我实现，需要为个体提供一个真实的、无判断的和支持性的环境。

3. 自我概念：是个体关于自己的看法和感觉。当个体的自我概念与他们的经验不一致时，可能会产生焦虑。

4. 自我实现的倾向：罗杰斯认为，每个人都有向着自己的潜能发展的内在驱动力。

心理治疗师的主要任务是提供一个支持、鼓励和无判断的环境，帮助个体更好地了解自己，认识到自己的需求和感受，并寻找满足这些需求和感受的方法。这种方法强调的是个体的主动性和自主性，相信每个人都有自己解决问题和追求幸福的能力。

孕妇瑜伽，动作和缓，姿态流畅，如同悠扬的乐章、甜美的和弦，诉说着生命的节奏与旋律。每一个呼出，是将旧息释放；每一个吸入，是将新生的能量吸收。优美的瑜伽姿势如诗如画，细腻的肌肉伸展似海波涌动，探索着身体的极限，尊重着每一位母亲的独特。在生命的交响曲中，孕妇瑜伽是动人的乐章，每一个姿势都告诉我们，母爱的力量无比强大。这是一场愿意等待的旅行，爱在其中悄然绽放。轻轻地旋转，缓缓地伸展，每一个小小的动作，都将化为一股暖流，在母亲与即将来临的新生命之间静静涌动。练习孕妇瑜伽具体有哪些好处呢？

1. 呼吸顺畅，改善胸闷气短

通过练习瑜伽，孕妇可以了解正确的呼吸技巧和放松方法，增加体内氧含量，改善胸闷气短，预防孕晚期缺氧。

2. 稳定体态，缓解身体不适

通过练习瑜伽，可以缓解因孕期重心改变而引起的腰酸、背痛等身体不适。孕妇肌肉的柔韧度和灵活度会大大提高。走路平稳了，即使肚子一天天变大变沉重，也会感觉到有一股平衡的力量在支撑着身体。

3. 保持良好的健康状态

通过练习瑜伽，可以帮助维持正常的体重增长，有的孕妈妈还会发现自己几周体重不增，而宝宝发育良好。孕妇瑜伽还可以帮助消化、预防便秘、调整孕期血糖、缓解水肿现象。

4. 缩短产程，助力顺产

通过练习瑜伽，可以加强孕妇的腹肌、膈肌和盆底肌的力量，有助于缓解生产过程中的痛楚和不适，缩短产程，还能增强盆底肌的弹性，预防漏尿、子宫脱垂及阴道松弛等。

5. 建立自信，心态平和

通过练习瑜伽，可以帮助孕妇建立自信，对于顺产和产后的身材恢复，充满信心；同时有规律地锻炼，能提升孕妇专注力，了解自己的身体和胎儿发育状况，缓和产前的焦虑、紧张和恐惧，减轻产后的疼痛感和疲劳感。

6. 灵活敏锐，健康成长

孕妇练习瑜伽，相当于在给胎儿做温和的按摩，适当的刺激可以使胎儿更加灵活、敏锐，健康成长。

虽然孕妇瑜伽带来的好处多多，但是练习前，仍需要通过产科医生的专业评估。只有排除所有的禁忌证，并根据孕妇的自身状况，才能决定是否可以练习瑜伽。孕妇在练习过程中，也要特别留意自身的感觉和反应，有任何不适，都要告知医生，以确保母体和胎儿的安全。